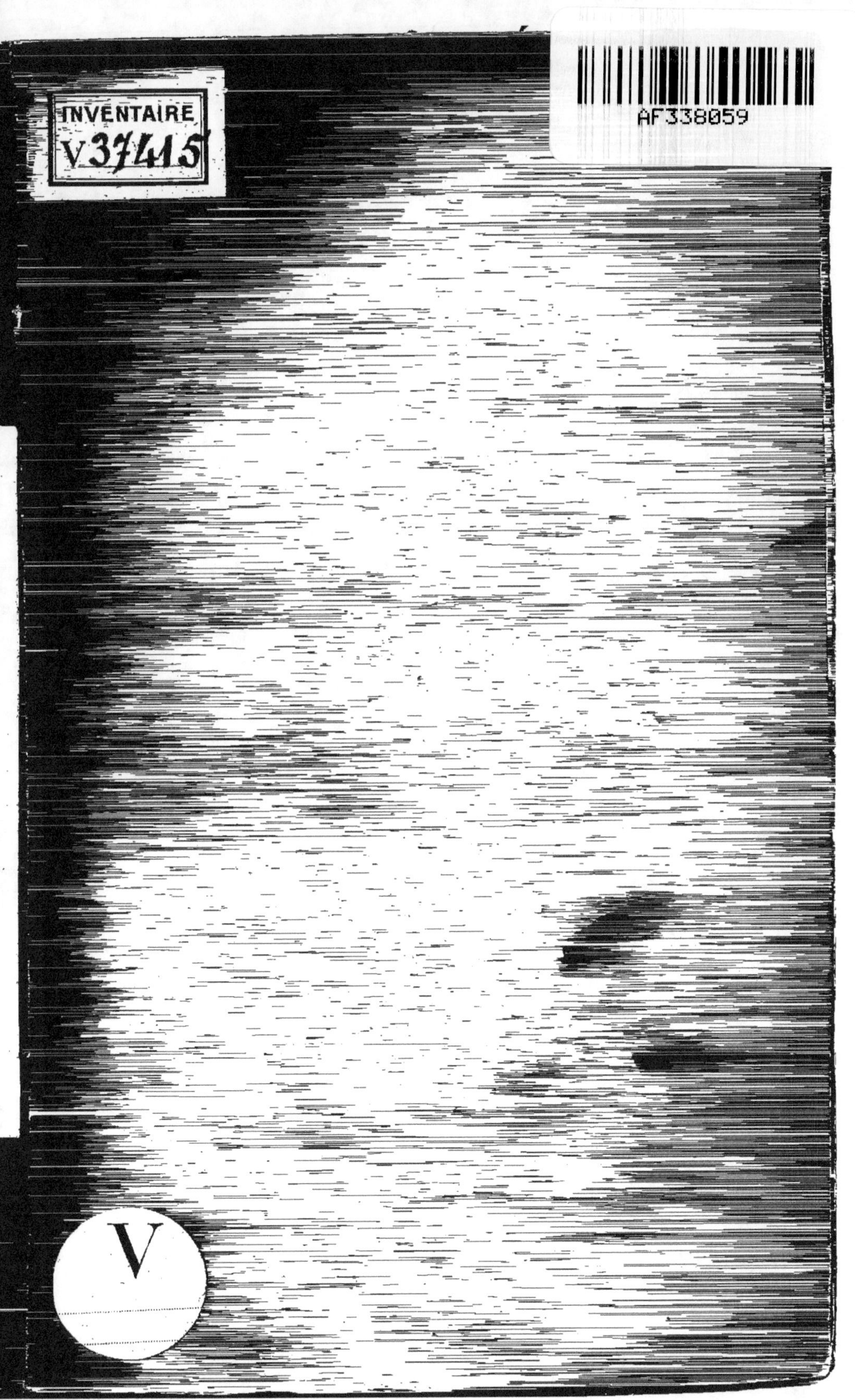

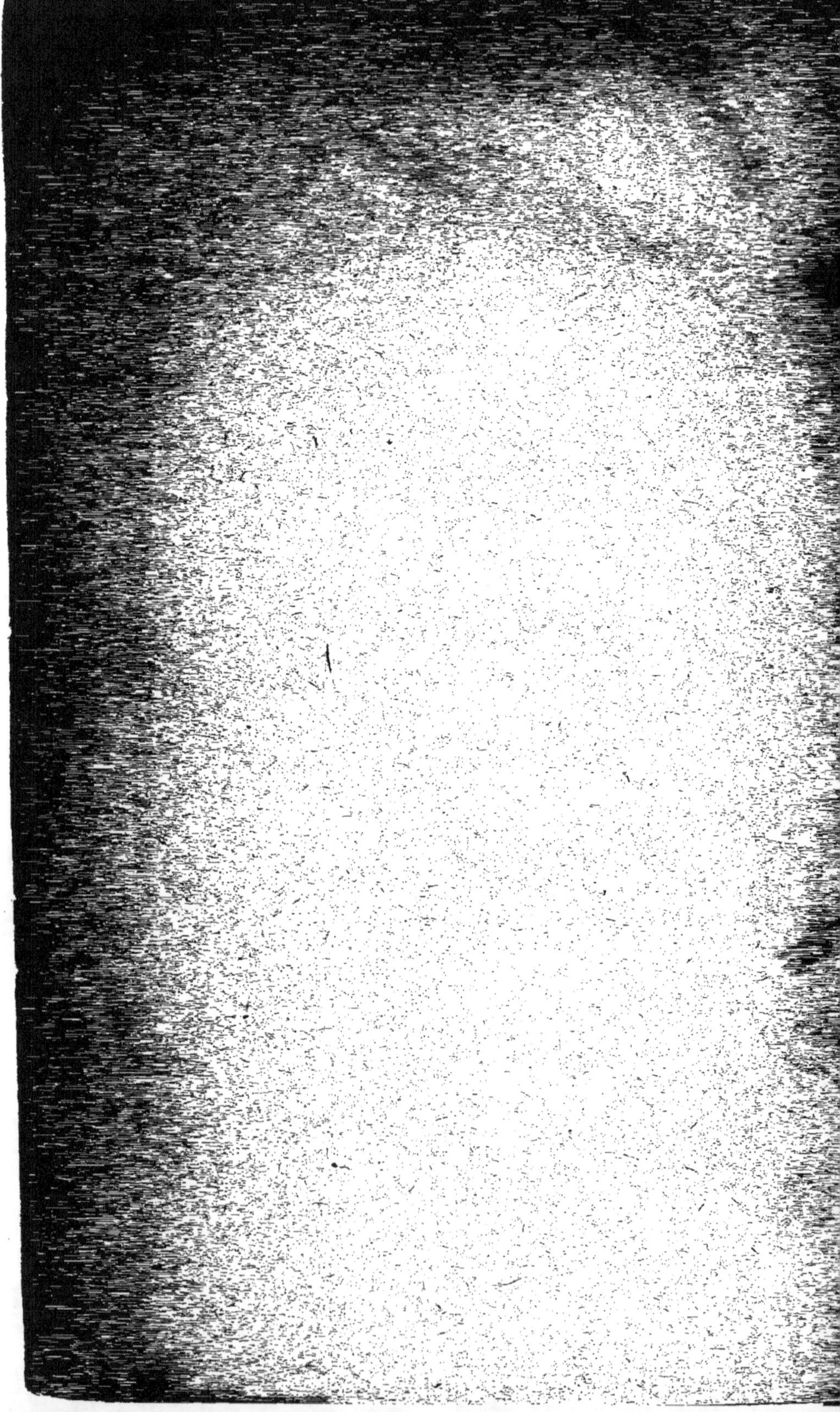

EXAMEN

D'UNE

PROPOSITION DE LEGENDRE

RELATIVE

A LA THÉORIE DES NOMBRES.

Paris. — Imprimerie de MALLET-BACHELIER, rue du Jardinet, 12.

EXAMEN

D'UNE

PROPOSITION DE LEGENDRE

RELATIVE

A LA THÉORIE DES NOMBRES,

OUVRAGE

PLACÉ EN PREMIÈRE LIGNE PAR L'ACADÉMIE DES SCIENCES DANS LE CONCOURS
POUR LE GRAND PRIX DE MATHÉMATIQUES DE 1858,

SUIVI D'UN

MÉMOIRE

SUR

LA RÉSOLUTION DES ÉQUATIONS NUMÉRIQUES,

PAR ATHANASE DUPRÉ,

Professeur de Mathématiques à la Faculté des Sciences de Rennes.

————— ᗒᗣᗕ —————

PARIS,

MALLET-BACHELIER, IMPRIMEUR-LIBRAIRE

DU BUREAU DES LONGITUDES, DE L'ÉCOLE IMPÉRIALE POLYTECHNIQUE,

Quai des Augustins, 55.

———

1859

TABLE DES MATIÈRES.

—◦—

EXAMEN

D'UNE

PROPOSITION DE LEGENDRE

RELATIVE A LA THÉORIE DES NOMBRES.

PREMIÈRE PARTIE.

SECONDE PARTIE.

—◁⊖—

MÉMOIRE

SUR LA

RÉSOLUTION DES ÉQUATIONS NUMÉRIQUES.

EXAMEN

D'UNE

PROPOSITION DE LEGENDRE

RELATIVE

A LA THÉORIE DES NOMBRES.

Legendre, dans sa *Théorie des nombres*, tome II, page 76, édition de 1830, énonce et croit même démontrer la proposition suivante :

« Soit donnée une progression arithmétique :

$$A - C, \quad 2A - C, \quad 3A - C, \dots,$$

dans laquelle A et C sont premiers entre eux ; soit donnée aussi une suite $\theta, \lambda, \mu, \dots, \psi, \omega$ composée de k nombres premiers impairs, non diviseurs de A, pris à volonté et disposés dans un ordre quelconque ; si l'on appelle en général $\pi^{(z)}$ le $z^{i\grave{e}me}$ terme de la suite naturelle des nombres premiers 3, 5, 7, 11,..., sur $\pi^{(k-1)}$ termes consécutifs de la progression proposée il y en aura au moins un qui ne sera divisible par aucun des nombres premiers $\theta, \lambda, \mu, \dots, \psi, \omega$. »

L'Académie, jugeant insuffisante la démonstration de Legendre et considérant son théorème comme très-important, a proposé pour sujet du grand prix à décerner en 1858 cette question :

« Établir rigoureusement la proposition de Legendre ci-dessus énoncée, dans le cas où elle serait exacte ou, dans

1

le cas contraire, montrer comment on doit la remplacer. »

Dans la première partie de ce Mémoire, j'établis diverses propriétés des progressions considérées par Legendre; elles servent de base pour procéder ensuite à l'examen du théorème douteux.

Dans la seconde partie je prouve que ce théorème est faux, si ce n'est pour un certain nombre de cas particuliers.

Dans la troisième enfin, je fais connaître des propositions destinées à le remplacer et j'en déduis des conséquences propres à montrer leur utilité.

PREMIÈRE PARTIE.

PROPRIÉTÉS DIVERSES DES PROGRESSIONS ARITHMÉTIQUES.

1. Je rappellerai, avant de commencer, la loi des distances donnée par Legendre, tome II, page 71.

« Soit proposée la progression arithmétique

$$(\mathrm{Z}) \qquad A - C, \ 2A - C, \ 3A - C, ..., \ nA - C,$$

dans laquelle A et C sont des nombres quelconques premiers entre eux; soit θ un nombre premier impair non diviseur de A; si l'on détermine x de manière que $Ax - C$ soit divisible par θ, la valeur de x sera généralement de la forme $x = \alpha + \theta z$, d'où l'on voit que les termes divisibles par θ dans la progression proposée forment eux-mêmes la progression arithmétique :

$$A\alpha - C, \quad A(\alpha + \theta) - C, \quad A(\alpha + 2\theta) - C,...,$$

et qu'ainsi, sur θ termes consécutifs pris partout où l'on voudra dans la progression (z), il y en a toujours un divisible par θ, lequel est suivi et précédé d'une suite d'autres termes également divisibles par θ et distants entre eux de l'intervalle θ. »

Partage de la progression en espaces égaux semblables. Une seconde propriété de la progression (Z) qui n'a pas été remarquée par Legendre est celle-ci :

Si l'on forme le produit $P = \theta\lambda\mu\ldots\omega\psi$ de tous les nombres premiers par lesquels on a l'intention d'essayer de diviser les termes de la progression, les termes divisibles par P la partagent en espaces *semblables entre eux*, c'est-à-dire renfermant les termes divisibles ou non par θ, λ, μ,..., ψ, ω rangés dans le même ordre.

A et P étant premiers entre eux, il est évident que x peut être choisi de manière à rendre $Ax - C$ divisible par P et, comme plus haut, on peut affirmer que la forme générale de x est $\alpha + Pz$, que les termes divisibles par P forment une progression arithmétique :

$$A\alpha - C, \quad A(\alpha + P) - C, \quad (A\alpha + 2P) - C,\ldots,$$

et qu'ils partagent la progression (Z) en espaces contenant P termes chacun.

Cela posé, soit Q l'un des termes divisibles par P, le suivant sera $Q + AP$. Un terme intermédiaire quelconque $Q + xA$ est semblable au terme $Q + xA + AP$ occupant le même rang dans l'espace qui suit, car l'un quelconque θ des nombres premiers considérés divisant AP, divise ces deux termes s'il divise $Q + xA$, et ne divise ni l'un ni l'autre dans le cas contraire. La similitude des espaces est donc établie, puisque chacun d'eux est semblable au suivant; il n'est pas plus difficile, d'ailleurs, de comparer immédiatement des espaces non voisins.

2. *Centres de symétrie. Groupes semblables.* Un terme quelconque Q est un centre de symétrie *impaire*, c'est-à-dire que les termes également éloignés de Q sont semblables deux à deux, Q n'ayant seul pas de semblable. Si l'un d'entre eux est $Q + xA$, l'autre est $Q - xA$, et leur somme $2Q$ est divisible par l'un quelconque θ des nombres premiers considérés, ce qui prouve qu'ils sont tous deux divisibles ou tous deux non divisibles par θ, et par conséquent semblables.

Q et $Q + AP$ étant toujours deux termes voisins divisibles par P, leur moyenne arithmétique $Q + A\,\dfrac{P}{2}$ est un nombre qui peut être fractionnaire et n'est pas contenu dans la progression ; il est également éloigné des nombres $Q + A\cdot\dfrac{P-1}{2}$, $Q + A\cdot\dfrac{P+1}{2}$ qui se trouvent au contraire au milieu de l'espace considéré. $Q + A\cdot\dfrac{P}{2} + \left(\dfrac{A}{2} + Ax\right)$ et $Q + A\cdot\dfrac{P}{2} - \left(\dfrac{A}{2} + Ax\right)$ sont deux termes de la progression également éloignés de $Q + A\cdot\dfrac{P}{2}$; leur somme $2Q + AP$ est divisible par l'un quelconque θ des facteurs de P, et par conséquent ils sont à la fois divisibles ou non divisibles par θ ou *semblables*. Le milieu d'un espace est donc un centre de symétrie *paire* : les termes également distants de $Q + A\cdot\dfrac{P}{2}$ sont semblables deux à deux sans aucune exception.

Prenons pour exemple le cas où les diviseurs employés sont seulement 3 et 5 ; alors $P = 15$. Supposons $A = 2$ et $C = -17$:

$$-15_{\frac{3}{5}} \quad -13 \quad -11 \quad -9_{3} \quad -7 \quad -5_{5} \quad -3_{3} \quad -1 \quad 1 \quad 3_{3} \quad 5_{5} \quad 7 \quad 9_{3} \quad 11 \quad 13 \quad 15_{\frac{3}{5}}$$

$$15_{\frac{3}{5}} \quad 17 \quad 19 \quad 21_{3} \quad 23 \quad 25_{5} \quad 27_{3} \quad 29 \quad 31 \quad 33_{3} \quad 35_{5} \quad 37 \quad 39_{3} \quad 41 \quad 43 \quad 45_{\frac{3}{5}}$$

-15, 15 et 45 sont ici des centres de symétrie impaire ; 0 et 30 sont des centres de symétrie paire. De -15 à 15 on remarque un *espace complet* semblable à celui qui commence à 15 et finit à 45 ; les diviseurs que j'ai eu soin d'écrire au-dessous de chacun des termes non premiers avec P et les *vides* qui correspondent aux termes premiers avec P s'y montrent rangés exactement dans le même ordre.

J'appellerai *semblables* deux groupes contenant le même nombre de termes *consécutifs* au-dessous desquels les diviseurs et les vides se présentent dans le même ordre.

Considérons le cas où *tous* les diviseurs de P figurent dans un groupe E, F, G, H,...; ajoutons xA à chacun des termes et déterminons x de manière à obtenir un groupe semblable. Si un terme G, par exemple, admet le diviseur θ, pour que le terme correspondant G $+$ xA l'admette aussi, il est *nécessaire et suffisant* que x soit divisible par θ qui est premier avec A; réciproquement, si x est divisible par θ, en même temps que G $+$ xA, le terme correspondant G du premier groupe sera un multiple de θ. Cette remarque s'appliquant aux termes divisibles par λ, μ,..., ψ, ω, on voit qu'il est *nécessaire et suffisant*, pour que les diviseurs et par suite les vides soient sous les termes de mêmes rangs, que x soit un multiple de P. En ajoutant à tous les termes du premier groupe PA, 2PA, 3PA,..., on passe à des groupes semblables placés de la même manière dans les espaces suivants; on pourrait également retrancher un multiple de PA et obtenir des groupes semblables qui précèdent. L'existence de ces groupes semblables résultait déjà de la similitude des espaces (1); mais l'examen qui vient d'être fait prouve de plus qu'il n'existe pas deux groupes semblables *de ce genre* dans un même espace. Leur caractère consiste en ce que la différence de deux termes correspondants, des deux premiers termes par exemple, est un multiple de PA.

5. *Groupes inverses.* J'appellerai *inverses* deux groupes contenant le même nombre de termes consécutifs au-dessous desquels les diviseurs et les vides se présentent dans le même ordre, si l'on considère l'un des deux groupes en allant de la fin au commencement.

Q étant un terme de la progression divisiblé par P et par suite un centre dé symétrie impaire, il est évident que l'on aura un groupe inverse d'un groupe donné en prenant le groupe symétriquement placé par rapport à Q. Si le dernier terme du premier groupe est $Q - x\,A$, le premier terme du groupe inverse est $Q + x\,A$.

Lorsque tous les diviseurs premiers de P figurent dans le groupe donné, un même espace ne peut, d'après le paragraphe précédent, renfermer deux groupes inverses d'un groupe donné, puisqu'ils seraient semblables entre eux. On vient de voir qu'il est facile d'en trouver un dans l'espace voisin de celui qui renferme le groupe donné. Tous les groupes inverses étant semblables entre eux se trouvent ensuite en ajoutant ou retranchant un multiple de PA (2). Le caractère des groupes inverses où figurent ainsi tous les facteurs premiers de P consiste en ce que la somme de deux termes correspondants, par exemple du premier terme $Q + x\,A$ de l'un et du dernier $Q - x\,A$ de l'autre, est un multiple 2Q de P ; le passage aux groupes éloignés par l'addition d'un multiple de PA n'altère pas ce caractère qui est, comme celui des groupes semblables, toujours nécessaire et suffisant ; on le démontre facilement par la considération des centres pairs.

Un groupe de termes *consécutifs* dans lequel un diviseur, 0 par exemple, figurerait à des distances non multiples de θ, est impossible (1) ; cette remarque est due à Legendre.

4. Groupes possibles. Mais pourvu que cette loi des distances soit respectée, tout ordre imaginable pour les diviseurs et les vides correspond à des groupes existant réellement dans la progression, un seul dans chaque espace lorsque tous les facteurs premiers de P sont employés ; la démonstration de ce théorème remarquable est facile.

Soit $x\,A - C$ le premier terme du groupe cherché ; supposons que le terme de rang n soit demandé divisible par θ, alors on a

$$(x + n)A - C = \theta y \quad \text{ou bien} \quad A x + (nA - C) = \theta y,$$

et, comme θ est premier avec A, cette équation admet certainement pour x et y des solutions entières qu'on sait trouver; la valeur générale de x est de la forme $\alpha + \theta x'$. La condition *nécessaire et suffisante* pour que le diviseur θ soit bien placé dans le groupe est donc que le premier terme ait la forme

$$A \theta x' + A \alpha - C.$$

Admettons en second lieu que le terme de rang n' soit demandé divisible par λ, on a l'équation

$$A \theta x' + A \alpha - C + n'A = \lambda y'.$$

λ étant premier avec $A\theta$, il existe encore certainement des valeurs entières pour x' et y', et l'expression générale de x' est de la forme $\lambda x'' + \alpha'$; les diviseurs θ et λ seront bien placés si le premier terme a la forme

$$A \theta \lambda x'' + A \theta \alpha' + A \alpha - C.$$

Comme dans le cas précédent, cette condition est nécessaire et suffisante.

En continuant de la sorte, on arrivera finalement à la forme que le premier terme doit avoir pour qu'il commence un groupe présentant les diviseurs et les vides dans l'ordre prescrit. Sans cesse on peut affirmer que le nouveau diviseur considéré est premier avec $A\theta\lambda\ldots$, ce qui donne toute rigueur à la démonstration. L'expression du premier terme renferme un nombre entier déterminé et aussi, comme on devait s'y attendre, un multiple de PA servant à passer du groupe situé dans un espace aux groupes semblables contenus dans les autres espaces. La recherche peut souvent être abrégée en considérant plusieurs diviseurs à la fois.

Comme exemple, proposons-nous de trouver dans la suite naturelle des nombres impairs pour laquelle A $= 2$, C $= 1$, dix-neuf termes consécutifs présentant les diviseurs 3, 5, 7, 11, 13 et les vides V dans l'ordre suivant, où la loi des distances est évidemment respectée :

$$\overset{3}{7}, 5, 11, 3, 13, V, \overset{3}{5}, 7, V, 3, V, 5, 3, 11, 7, 3, 5, 13, 3.$$

Le premier terme $2x - 1$ devant être divisible par 21, x a la forme $21x' + 11$ et il devient $42x' + 21$.

Le second terme $42x' + 23$ est demandé divisible par 5, ce qui donne l'équation $42x' + 23 = 5y$; d'où $x' = 5x'' + 1$, et le premier terme prend la forme $210x'' + 63$.

Le troisième terme $210x'' + 67$ étant demandé divisible par 11, on a $210x'' + 67 = 11y''$, d'où $x'' = 11x''' - 1$, et le premier terme devient $2310x''' - 147$.

Le cinquième terme $2310x''' - 139$ doit être divisible par 13, ce qui est exprimé par l'équation $2310x''' - 139 = 13y'''$. On en tire $x''' = 13t + 1$ et on arrive enfin à la condition nécessaire et suffisante pour qu'un groupe réponde à la question. Il faut que son premier terme ait la forme $30030t + 2163$.

30030 n'est autre chose que PA ou 2P. Si l'on veut le groupe qui présente les nombres les moins élevés parmi tous les impairs positifs ou négatifs, il faut prendre $t = 0$, et l'on trouve :

$$\overset{}{2163}, \underset{5}{2165}, \underset{11}{2167}, \underset{3}{2169}, \underset{13}{2171}, \underset{V}{2173}, \underset{\underset{5}{3}}{2175}, \underset{7}{2177}, \underset{V}{2179}, \underset{3}{2181},$$
$$\underset{\overset{3}{7}}{}$$

$$\underset{V}{2183}, \underset{5}{2185}, \underset{3}{2187}, \underset{11}{2189}, \underset{7}{2191}, \underset{3}{2193}, \underset{5}{2195}, \underset{13}{2197}, \underset{3}{2199}.$$

Lorsque les diviseurs indiqués sont les moindres nombres premiers, il est commode pour abréger les calculs d'avoir un tableau de leurs produits que je désignerai par P ayant pour indice le dernier et le plus grand des diviseurs ; on aura par exemple $P_{11} = 3.5.7.11$.

$$P_3 = 3, \quad P_5 = 15, \quad P_7 = 105, \quad P_{11} = 1155, \quad P_{13} = 15015,$$
$$P_{17} = 255255, \qquad P_{19} = 4849845, \qquad P_{23} = 111546435,$$
$$P_{29} = 3234846615, \qquad P_{31} = 100280245065,$$
$$P_{37} = 5710369067405, \qquad P_{41} = 152125131763605,$$
$$P_{43} = 6541380665835015, \quad P_{47} = 307444891294245705,$$
$$P_{53} = 16294579238595022365.$$

Dans l'exemple qui vient d'être traité on a $P_{13} = 15015$, et le dernier terme 2199 a la forme $15015 - 12816 = P_{13} - xA$; le premier terme du groupe inverse est $15015 + 12816 = 27831$; le dernier le surpasse de $18.2 = 36$; il est 27867.

Au lieu de considérer le centre de symétrie impaire 15015, on aurait pu considérer le centre de symétrie paire 0 ; les groupes qui en sont également éloignés sont inverses, et on a encore un groupe inverse du groupe demandé en prenant les mêmes nombres avec le signe — ; — 2163 se trouve alors le dernier et — 2199 est le premier. Au reste, 27831 surpasse bien, comme cela doit être (2), — 2199 de $30020 = 15015 \times 2 = PA$. Cela suffit pour montrer combien est facile le calcul des groupes semblables et celui des groupes inverses.

5. *Correspondance des progressions différentes.* Désignons toujours par Q l'un quelconque des termes divisibles par P dans la progression $A - C$, $2A - C$, $3A - C, \ldots$, et qui se trouvent en résolvant l'équation $Ax - C = Py$. Désignons de même par Q' un terme divisible par P dans une autre progression $A' - C'$, $2A' - AC', \ldots$. Si l'on écrit les deux progressions l'une au-dessous de l'autre, Q' au-dessous de Q et en les faisant correspondre terme à terme :

$$Q, \quad Q + A, \quad Q + 2A, \ldots, \quad Q + xA, \ldots,$$
$$Q', \quad Q' + A', \quad Q' + 2A', \ldots, \quad Q' + xA', \ldots,$$

un terme quelconque $Q + xA$ sera semblable au terme correspondant $Q' + xA'$; car si l'un quelconque θ des facteurs premiers de P divise x, il divise à la fois $Q + x\mathrm{A}$ et $Q' + x\mathrm{A'}$; s'il ne divise pas x, étant par hypothèse premier avec A et A', il ne divise ni $Q + x\mathrm{A}$ ni $Q + x\mathrm{A'}$. Disposées de la sorte, ces deux progressions sont donc semblables terme à terme, et, puisqu'il y a une infinité de valeurs pour Q, on voit qu'il y a une infinité de positions relatives qui peuvent être adoptées. Ces positions sont évidemment seules capables d'établir une correspondance complète.

Legendre a démontré cette correspondance beaucoup moins simplement. De plus, il croyait le problème déterminé. A la page 97, tome II, il dit que la suite naturelle des nombres impairs pour correspondre à la progression $-\mathrm{A}-\mathrm{C}, -, \mathrm{AC}-\mathrm{C},\ldots$, *doit* commencer à $2\varepsilon - \mathrm{P} - 4$, ε désignant le moindre nombre positif capable de rendre $\mathrm{A}\varepsilon + \mathrm{C}$ divisible par P. Par exemple, si l'on a $\mathrm{A} = 4$, $\mathrm{C} = 1$, $\mathrm{P} = 3$. $5. 7. 11 = 1155$, on trouve $\varepsilon = 866$ et les progressions deviennent :

$$-5, \quad -1, \quad 3, \quad 7, \quad 11, \quad 15,\ldots,$$
$$575, \quad 577, \quad 579, \quad 581, \quad 583, \quad 585,\ldots,$$

Sans doute, ainsi disposées, elles se montrent semblables ; mais c'est là une position *suffisante* et non *nécessaire*. Les termes correspondants ne cessent pas d'être tous semblables si l'on fait glisser l'une des progressions sur l'autre de manière à l'avancer ou à la reculer de 1155 rangs ou d'un multiple de 1155. L'erreur dans laquelle Legendre est tombé vient de ce qu'il n'avait pas connaissance de la similitude des espaces.

6. *Termes consécutifs sans nombre premier.* Le paragraphe **4** donne le moyen de trouver dans la progression $\mathrm{A} - \mathrm{C}, 2\mathrm{A} - \mathrm{C},\ldots$, ou, si l'on veut, dans la suite naturelle des nombres impairs qui n'en est qu'un cas particulier, un groupe de termes consécutifs contenant un nombre de termes donnés d'avance et sans nombre premier. Pour avoir, par exemple, cent impairs non premiers, on peut écrire des diviseurs, et il est plus simple de prendre les plus petits 3, 5, 7, 11,..., de manière à remplir 100 colonnes, en respectant la loi des distances et sans laisser aucun vide ; après quoi il ne reste plus qu'à chercher (4) dans la progression l'un des groupes correspondant à cette suite de diviseurs ; celui qui est compris entre —P et + P peut seul présenter parmi ses termes quelque nombre premier faisant partie des diviseurs adoptés.

SECONDE PARTIE.

EXAMEN DU THÉORÈME DE LEGENDRE PAR TROIS MÉTHODES.

7. *Il suffit d'examiner un demi-espace suivi de $n - 1$ termes.* Legendre s'est proposé pour but de découvrir le maximum de termes consécutifs divisibles par des nombres premiers donnés $\theta, \lambda, \mu,..., \psi, \omega$; l'existence des espaces semblables renfermant P termes chacun et dont le milieu est un centre de symétrie, rend déjà la recherche plus facile : il est évident que l'examen des groupes ayant leur premier terme dans un espace complet suffit ; au delà, des groupes semblables se retrouvent jusqu'à l'infini (2).

Et même, comme il est indifférent de découvrir le maximum au moyen d'un groupe ou de son inverse, on peut se borner à l'examen des groupes qui ont leur premier terme dans un demi-espace convenablement choisi. On a vu (3) que le premier terme d'un groupe et le dernier terme de son inverse ont pour somme 2 Q augmenté ou diminué d'un multiple de PA ; il en résulte que la somme de leurs premiers termes est $2Q - (n - 1) A$ plus ou moins un multiple de PA ; n désigne le nombre de termes du groupe. Supposons d'abord n impair ; $Q - \dfrac{n - 1}{2} A$, moitié de cette somme, est le premier terme d'un groupe et en même temps le premier terme du groupe inverse ; le centre de symétrie impaire est au milieu du groupe, et ce résultat était facile à prévoir. Écrivons à partir de là un demi-espace, considérons chacun des termes comme le premier d'un groupe, et au-dessous faisons correspondre le premier terme du groupe inverse :

$$Q - \frac{n-1}{2}A, \quad Q - \frac{n-1}{2}A + A, \ldots, \quad Q - \frac{n-1}{2}A + \frac{P-1}{2}A = Q + \frac{P-n}{2}A,$$

$$Q - \frac{n-1}{2}A, \quad Q - \frac{n-1}{2}A - A, \ldots, \quad Q - \frac{n-1}{2}A - \frac{P-1}{2}A = Q - \frac{P+n-2}{2}A$$

Dans la première ligne, les termes vont en croissant ; dans la seconde, ils diminuent au contraire de la même quantité A, puisque dans chaque colonne la somme est constante. Ces deux lignes réunies présentent un espace complet : il faut lire la seconde ligne en commençant par la fin et la faire suivre de la première ligne dans l'ordre ordinaire. La différence des extrêmes est $(P-1)A$, ce qui caractérise un espace complet ; le terme contenu dans la première colonne est répété. Il suffit donc d'examiner les groupes dont les premiers termes sont contenus dans ces deux lignes ; mais comme l'examen des groupes ayant leurs premiers termes dans une même colonne ferait double emploi, puisqu'ils sont inverses et que l'on ne peut connaître l'un sans connaître l'autre, cela n'est pas nécessaire, et on ne doit s'occuper en définitive que des groupes ayant leurs premiers termes dans une des lignes seulement, ou, ce qui équivaut, dans un demi-espace commençant à $Q - \frac{n-1}{2}A$ ou à $Q - \frac{P+n-2}{2}A$. Quand n est pair, ces deux expressions doivent être remplacées par $Q - \frac{P+n-1}{2}A$ et $Q - \frac{n-2}{2}A$.

Cette remarque ne s'applique pas seulement à la recherche du maximum de Legendre, mais à celle d'un groupe présentant une particularité quelconque. Supposons, par exemple, que les diviseurs θ, λ, μ,..., se réduisent aux diviseurs 3 et 5 comme dans le tableau du § 4, et qu'on veuille savoir quel est le maximum de termes consécutifs sans vide, l'examen d'un demi-espace suffit pour montrer que ce maximum est 2. L'examen du demi-espace qui commence à 9 et des 5 termes qui le suivent fait voir que le minimum des vides dans 6 termes est 2, et que le maximum est 4; ces applications n'offrent aucune difficulté.

8. *Il suffit de prendre pour diviseurs les moindres nombres premiers.* Quant au choix des diviseurs, il est facile d'établir qu'on a le droit, dans l'examen de la proposition de Legendre, de prendre les moindres nombres premiers. Considérons en effet $\pi^{(k-1)}$ termes consécutifs, et puisqu'il a été démontré (4) que toute succession de diviseurs et de vides compatible avec la loi des distances correspond à des groupes existant réellement et qu'on sait trouver, fixons notre attention sur les diviseurs θ, λ, μ,..., écrits au-dessous et sur les vides.

Parmi les k diviseurs il y en a, et ils sont tous moindres que $\pi^{(k-1)}$, qui divisent efficacement, c'est-à-dire sans double emploi, au moins deux termes, et d'autres qui, au contraire, ne remplissent qu'un vide. Le choix de ceux-ci, au nombre desquels se trouvent $\pi^{(k-1)}$ et les diviseurs plus grands, est indifférent, puisque la loi des distances n'a plus d'application. On peut donc mettre les diviseurs inférieurs à $\pi^{(k+1)}$ qui ne figurent pas dans le groupe à la place des diviseurs plus grands sans que le nombre des vides, qui est supposé minimum, s'accroisse pour cela. Alors les k diviseurs sont pris au commencement de la suite naturelle des nombres premiers, et la question est plus simple. Mais quand nous aurons à considérer des termes consécutifs en nombre supérieur à $\pi^{(k-1)}$, cette remarque devra subir quelques restrictions.

PREMIÈRE MÉTHODE.

9. *La proposition de Legendre est vraie jusqu'à* $k = 6$. Conformément à ce qui vient d'être dit, j'ai fait dresser des tableaux jusqu'à $P = 3.5.7.11 = 1155$ inclusivement. Le choix de la progression étant indifférent (5), on a écrit une partie de la suite naturelle des nombres entiers formant un demi-espace choisi convenablement (7) ; on a eu soin d'ajouter $\pi^{(k-1)} - 1$ termes après, $\pi^{(k-2)}$ désignant le dernier diviseur du tableau. Les diviseurs 3, 5,..., ont été écrits au-dessous de leurs multiples ; ensuite un temps très-court m'a suffi pour constater que, dans les groupes de $\pi^{(k-1)}$ termes, le minimum de vides est 3 ; $\pi^{(k-1)}$ et π^k n'en pouvant remplir que deux à cause de la loi des distances (1), pour ces cas particuliers il demeure certain, ainsi que l'a affirmé Legendre, que, sur $\pi^{(k-1)}$ termes consécutifs, k diviseurs laissent au moins un vide.

Mais ce mode d'examen, quoique réduit à un demi-espace, devient bientôt impraticable : pour $k = 17$ ou $P_{53} = 16294579238595022365$, le tableau d'un demi-espace couvrirait une feuille carrée ayant pour côté dix fois le rayon terrestre. L'examen de ce cas sera fait par la troisième méthode.

La série des nombres impairs de $- \pi^{(k-1)}$ à $+ \pi^{(k-1)}$ montre clairement et d'une manière complétement générale qu'un groupe de $\pi^{(k-1)} - 1$ termes peut ne présenter que 2 vides en son milieu sous $+1$ et -1 alors qu'on emploie seulement $k - 2$ diviseurs. Cette remarque est de Legendre, tome II, page 75 ; mais il résulte du § **2** qu'il existe un groupe semblable de part et d'autre du centre de symétrie paire, dans chaque espace et l'un quelconque de ces groupes montre $\pi^{(k-1)} - 1$ termes consécu-

tifs divisibles par k nombres premiers *différents de l'unité*.
On peut d'ailleurs trouver (4) ceux qui admettent pour
diviseurs des deux termes voisins du centre de symétrie
$\pi^{(k-1)}$ et π^k.

SECONDE MÉTHODE.

10. *Centres C d'un groupe.* Pour trouver une limite
inférieure du nombre des vides contenus dans un groupe
que nous pouvons prendre dans la suite des nombres impairs, puisque le choix de la progression est indifférent (5),
nous allons maintenant considérer les centres des groupes ;
nous appellerons ainsi le nombre C également éloigné des
extrémités du groupe. Quand le nombre des termes est pair,
C est lui-même pair et non contenu dans la progression.
Lorsque le nombre des termes est impair, C est le terme
milieu du groupe. Ce dernier cas peut être ramené au précédent en supprimant le premier ou le dernier terme du
groupe, ce qui ne peut que diminuer le nombre des vides
ou le laisser le même. Un groupe contenant $\pi^{(k-1)}$ termes
présente alors trois centres qui sont des nombres entiers
consécutifs dont l'un est divisible par 3, ce qui sera utile
plus loin. Le nombre des termes est $\pi^{(k-1)}$ ou $\pi^{(k-1)} - 1$.

C *multiple de* P. Si C est impair et multiple de $P = 3.5,\ldots$
$\pi^{(k-2)}$, alors $C \pm 2.3$, $C \pm 2.5$, $C \pm 2.7,\ldots$, sont des
termes du groupe divisibles par les facteurs de P, ainsi que
$C \pm 2N$, N étant en général un produit quelconque des
facteurs de P qui peuvent être répétés. Mais $C \pm 2$, $C \pm 4,\ldots$
correspondent à des vides et, pourvu que le groupe con-
tienne au moins 5 termes, il présentera au moins 4 vides
dont deux seulement pourront être remplis par $\pi^{(k-1)}$ et π^k,
et la proposition de Legendre est vraie. Dans ce cas C est
l'un des centres de symétrie paire de la progression.

Si C est pair, $C \pm 3$, $C \pm 5,\ldots$, $C \pm \pi^{(k-2)}$ ne correspondent à aucun vide ; le groupe n'en présente que deux
sous $C \pm 1$; mais il en existe deux autres sous les termes

$C \pm \pi^{(k-1)}$ qui avoisinent le groupe, de sorte que dans $\pi^{(k-1)}$ termes il y en a trois dont deux seulement peuvent être remplis par $\pi^{(k-2)}$ et π^k; la proposition est donc encore vraie dans ce cas où C est l'un des centres de symétrie paire de la progression.

11. *C premier avec un des facteurs de P seulement.* Si C impair est multiple de $\dfrac{P}{\theta}$, θ étant un facteur premier de P non diviseur de C et qu'on ait au moins sept termes, en ne tenant pas compte d'abord de θ, on aura des vides sous $C \pm 2$, $C \pm 4$, $C \pm 8$ et, comme θ ne peut diviser qu'un des termes $C + 2$ et $C - 2$, $C + 4$ et $C - 4$ puisqu'il est premier avec leurs différences, il existe encore au moins trois vides; cette conséquence n'est attaquable que si $\theta = 3$, mais alors les termes $C + 6$ et $C - 6$ correspondent à deux autres vides.

Si C pair est multiple de $\dfrac{P}{\theta}$, $C \pm 1$, $C \pm \theta$ correspondent à des vides, θ ne divise ni $C + \theta$ ni $C - \theta$, et s'il divise $C + 1$, il ne peut diviser $C - 1$, car la différence est 2. Ainsi, il existe au moins trois vides, dont deux seulement peuvent être remplis par $\pi^{(k-1)}$ et π^k : la proposition de Legendre est donc vraie toutes les fois que l'un des trois centres du groupe de $\pi^{(k-1)}$ termes est multiple de P ou premier seulement avec l'un des facteurs de ce produit.

C premier avec deux des facteurs de P. Si C pair est multiple de $\dfrac{P}{\theta\lambda}$, θ et $\lambda > \theta$ étant deux facteurs premiers de P non diviseurs de C, $C \pm 1$, $C \pm \theta$, $C \pm \lambda$ correspondent à 6 vides dont, à cause de la loi des distances, un seul peut être rempli par λ qui ne divise ni $C + \lambda$ ni $C - \lambda$. θ ne divisant pas $C \pm \theta$ et ne pouvant diviser à la fois $C + 1$ et $C - 1$ ou $C + \lambda$ et $C - \lambda$ dont la différence est 2λ, en remplira au plus 2; il en restera donc au moins 3.

Si C est impair, des 6 vides $C \pm 2$, $C \pm 4$, $C \pm 8$, un seul peut être rempli par θ et un autre par λ; il en reste au moins 4 à moins que θ et λ ne soient 3 et 5 ; $C-2$ et $C+4$ ont pour différence 6, si l'un de ces termes est divisible par 3, l'autre l'est aussi ; $C+2$ et $C-8$ ont pour différence 10, si 5 divise l'un de ces termes il divise l'autre, et on voit qu'avec $\theta=3$ et $\lambda=5$, il pourrait ne rester que 2 des 6 vides considérés. Mais alors $C\pm2.3$ correspondent à 2 autres vides, ainsi que $C\pm2.5$ si le groupe présente plus de 9 termes, il reste toujours au moins 3 vides, dont 2 seulement peuvent être remplis par $\pi^{(k-1)}$ et π^{k}. Le théorème de Legendre est donc encore exact quand l'un des 3 centres du groupe de $\pi^{(k-1)}$ termes est premier avec deux des facteurs de P seulement.

C *premier avec trois des facteurs de* P. Si C est un nombre pair multiple de $\dfrac{P}{\theta\lambda\mu}$, $\theta<\lambda<\mu$ étant des facteurs premiers de P non diviseurs de C, la proposition est encore vraie. En ne tenant pas compte d'abord de θ, λ, μ, les termes $C\pm1$, $C\pm\theta$, $C\pm\lambda$, $C\pm\mu$ correspondent à 8 vides dont un seul peut être ensuite rempli par μ; λ qui ne divise ni $C+\lambda$ ni $C-\lambda$ ne peut non plus, toujours à cause de la loi des distances, diviser qu'un des termes intermédiaires, et, pour qu'il remplisse 2 vides, il est nécessaire qu'il divise $C+\mu$ ou $C-\mu$; il ne peut diviser l'un et l'autre, puisqu'il est premier avec leur différence 2μ. Il reste donc au moins 3 vides, à moins que θ ne divise un des termes $C\pm1$, un des termes $C\pm\lambda$ et un des termes $C\pm\mu$. Dans ce dernier cas μ surpasse θ^2, les termes $C\pm\theta^2$ qui font partie du groupe, correspondent à 2 nouveaux vides et il y en a au moins 4, car λ ne peut diviser $C\pm\theta^2$ et en même temps $C\pm1$ ou $C\pm\theta$, parce qu'il surpasse chacun des facteurs des différences $\theta^2\pm\theta$, θ^2-1 et que, pour la différence θ^2+1; elle ne pourrait égaler $\lambda y'$. On a en effet $\lambda=\theta y\pm1$ ce qui donnerait $\theta^2+1=y'(\theta y\pm1)$ et exigerait $y'\pm1$ divisible par θ ou $y'\geq\theta-1$, d'où l'on conclurait $\theta^2 + 1 \geq \lambda(\theta - 1)$ ou $\lambda \leq \dfrac{\theta^2 + 1}{\theta - 1} = \theta + 1 + \dfrac{2}{\theta - 1}$ et cette inégalité n'est évidemment possible que pour $\theta = 3$, $\lambda = 5$, cas particulier qui pris isolément ne présente pas de difficulté.

Pour prouver que μ surpasse θ^2, remarquons que θ divisant $C \pm 1$, $C \pm \lambda$, $C \pm \mu$, divise les différences $\lambda \mp 1$ et $\mu \mp 1$, de sorte qu'on a, y désignant un nombre pair,

$$\lambda = \theta y \pm 1 \qquad \text{et} \qquad \mu = \theta y' \pm 1.$$

D'ailleurs, λ divisant $C \pm \mu$ en même temps que $C \pm 1$ ou $C \pm \theta$, divise l'une des différences $\mu \pm 1$, $\mu \pm \theta$.

Si λ divise $\mu \pm 1$, on a $\mu \pm 1 = \lambda z$, ce qui donne, en substituant les valeurs de λ et μ,

$$\theta y' \pm 1 \pm 1 = (\theta y \pm 1)z,$$

et montre que z ou $z \pm 2$ est divisible par θ. On peut donc poser $z = \theta z'$ ou $z = \theta z' \pm 2$, alors l'équation $\mu \pm 1 = \lambda z$ devient

$$\mu \pm 1 = \lambda \theta z' \qquad \text{ou} \qquad \mu \pm 1 = \lambda(\theta z' \pm 2).$$

z' est pair; il est évident que μ surpasse $\lambda \theta$ et *a fortiori* θ^2.

Si λ divise $\mu \pm \theta$, on a $\mu \pm \theta = \lambda z$, et, en substituant les valeurs de λ et μ,

$$\theta y' \pm 1 \pm \theta = (\theta y \pm 1)z;$$

$z \pm 1$ est divisible par θ et on peut poser $z = \theta z' \pm 1$. L'équation $\mu \pm \theta = \lambda z$ devient

$$\mu \pm \theta = \lambda(\theta z' \pm 1).$$

z', qui est impair, est au moins 1, d'après l'équation $\lambda = \theta y \pm 1$, λ surpasse ou égale $2\theta - 1$ et μ surpasse évidemment encore θ^2 à moins qu'on n'ait $\theta = 3$, $\lambda = 5$, $z' = 1$, le signe supérieur pour θ dans le premier membre, et le signe inférieur pour 1 dans le second. Mais alors μ est au moins 7, $\pi^{(k-1)}$ au moins 11, de sorte que les termes $C \pm 9$ qui correspondent à 2 vides, dont un seul peut être rempli par μ, appartiennent au groupe qui, même dans ce cas particulier, présente au moins 3 vides.

Passons au cas où C est impair toujours multiple de $\dfrac{P}{\theta \lambda \mu}$. Si $\theta > 5$, des 6 termes $C \pm 2$, $C \pm 4$, $C \pm 8$ un seul peut être divisible par chacun des nombres θ, λ, μ et il reste au moins 3 vides dans le groupe; on le voit facilement en considérant les différences ou par la loi des distances.

Si $\theta = 5$, il y a lieu de joindre $C \pm 10$ aux nombres premiers avec $\dfrac{P}{\theta \lambda \mu}$, ce qui donne 8 vides, dont 2 seulement peuvent être remplis par 5; λ n'en peut remplir 2 que s'il est 7 et μ n'en peut remplir qu'un; il en reste au moins 3.

Enfin, si $\theta = 3$, $C \pm 6$, $C \pm 12$ doivent être ajoutés aux termes $C \pm 2$, $C \pm 4$, $C \pm 8$ considérés d'abord. En formant toujours les différences comme précédemment, on voit que, de ces 10 vides, 3 n'en peut remplir que 3, λ n'en peut remplir plus de 2 quand 3 en remplit 3 et μ plus de 2, de sorte qu'il en reste au moins 3.

En définitive, la proposition de Legendre est exacte toutes les fois que l'un des 3 centres du groupe de $\pi^{(k-1)}$ termes est multiple de $\dfrac{P}{\theta \lambda \mu}$, car $\pi^{(k-1)}$ et π^k ne peuvent remplir que 2 vides et il en reste au moins 1.

12. *Démonstration du théorème de Legendre jusqu'à* $K = 6$. Les paragraphes précédents font connaître des cas nombreux où la proposition de Legendre n'est point en défaut; on peut même en tirer une démonstration complète quand K est moindre que 7. Alors P contient, $\pi^{(k-1)}$ et π^k étant toujours considérés à part, au plus 4 facteurs, et si si l'on prend celui des 3 centres du groupe qui est multiple de 3, il arrive que C est premier au plus avec 3 des facteurs de P, et la proposition se trouve certaine.

Démonstration pour $K = 7$. Lorsque $K = 7$ le groupe contient 17 termes, P renferme 5 facteurs, et si C était multiple de deux d'entre-eux, on rentrerait dans l'un des cas précédents. Considérons parmi les trois centres celui qui est multiple de 3 et premier avec les centres facteurs de P que nous pouvons supposer être 5, 7, 11 et 13; distinguons deux cas, suivant que C est centre impair ou centre pair.

Premier cas. 3 divise C, $C \pm 6$, $C \pm 12$; il reste à examiner, par rapport aux diviseurs 5, 7, 11, 13, les 12 termes :

$$C \pm 2, \quad C \pm 4, \quad C \pm 8, \quad C \pm 10, \quad C \pm 14, \quad C \mp 16.$$

11 et 13, d'après la loi des distances, ne peuvent diviser plus de 2 termes chacun; cela se voit aussi par les différences. 7 ne peut diviser que 3 des 17 termes; mais, de ces trois multiples consécutifs de 7, l'un étant multiple de 3, se trouve en dehors des 12 termes. 5 ne peut diviser plus de 4 termes, dont un par la même raison ne doit pas non plus être compté ici. Le total est 9 au plus, et il reste au moins 3 vides.

Second cas. 3 divise $C \pm 3$, $C \pm 9$, $C \pm 15$, et il reste à examiner, par rapport aux diviseurs 5, 7, 11, 13, les 10 termes :
$$C \pm 1, \quad C \pm 5, \quad C \pm 7, \quad C \pm 11, \quad C \pm 13.$$

13, qui est premier avec C, ne peut diviser que l'un d'entre eux, et il en est de même pour 11, qui est premier avec $C + 11$ et $C - 11$; car aucune différence n'égale 22. 7 ne peut diviser que 2 termes, $C \pm 1$ et $C \mp 13$. 5 ne peut non plus diviser que 2 termes, $C \pm 1$ et $C \pm 11$. Il reste au moins 4 vides, dont 2 seulement peuvent être remplis par $\pi^{(k-1)}$ et π^k; ainsi lorsque $K = 7$ la proposition est encore certaine.

13. *Examen du théorème quand* $K = 8$. Lorsque $K = 8$, on a P $= 3.5.7.11.13.17$, et le groupe contient 19 termes.. Appelons C celui de ses centres que 3 divise ; s'il était divisible en outre par deux autres facteurs de P, la proposition serait démontrée (**11**); nous supposerons donc C premier avec $\frac{P}{3}$ ou multiple d'un seul des facteurs simples de ce quotient.

Premier cas. C est un centre pair premier avec $\frac{P}{3}$. Les nombres C ± 3, C ± 9, C ± 15 ne présentent aucun vide ; considérons les 12 termes :

$$C \pm 1, \quad C \pm 5, \quad C \pm 7, \quad C \pm 11, \quad C \pm 13, \quad C \pm 17.$$

17 et 13 n'en peuvent diviser que 2 en tout ; on le voit par les différences qui montrent aussi que 11 divise C ± 17 avec C ∓ 5, ou bien ne divise qu'un terme ; 7 ne peut diviser 2 termes qu'autant qu'ils sont C ± 13, C ∓ 1 ; enfin 5 peut en diviser 2 de plusieurs manières, mais pas plus, et il reste finalement au moins 4 vides.

Si l'on suppose maintenant C divisible par 5 ou 7 ou 11..., on arrive avec beaucoup de facilité par la considération des différences à voir que, dans chacune de ces cinq hypothèses, il reste au moins 4 vides, dont 2 seulement peuvent être remplis par $\pi^{(k-1)}$ et π^k.

Second cas. C est un centre impair; 3 divise C, C ± 6, C ± 12, C ± 18. En supposant successivement C multiple de l'un des facteurs 5, 7, 9, 11, 13, 17 de P, on arrive encore très-facilement à constater par l'examen des différences qu'il reste au moins 4 vides dans chacune des cinq hypothèses. Mais si C est premier avec $\frac{P}{3}$, la proposition de Legendre peut se trouver en défaut. Si l'on considère les termes qui ne sont pas multiples de 3, 17 ne peut remplir qu'un vide ; 13 peut en remplir 2, mais seulement sous C ± 16 et C ∓ 10. 11 peut diviser à la fois C ± 14 et C ∓ 8;

— 22 —

7 peut diviser $C \pm 10$ et $C \mp 4$, ou encore $C \pm 16$ et $C \pm 2$. Enfin 5 peut diviser 3 termes de deux manières seulement, $C + 4$, $C + 14$ et $C - 16$, ou $C - 4$, $C - 14$ et $C + 16$. Le total est 10, et si les restrictions qui viennent d'être indiquées ne sont pas incompatibles, il peut ne rester que 2 vides, que $\pi^{(k-1)}$ et π^k (19 et 23, si l'on veut) pourront remplir.

Si 5 divise $C + 4$, $C + 14$, $C - 16$, 3 devra diviser $C + 16$ et $C - 10$; 11 devra diviser $C - 14$ et $C + 8$; 7 devra diviser $C + 10$ et $C - 4$; on aura le groupe suivant :

$$C \underset{\substack{3\\7}}{-18},\ C \underset{5}{-16},\ C \underset{11}{-14},\ C \underset{3}{-12},\ C \underset{13}{-10},\ C \underset{\text{V}}{-8},\ C \underset{\substack{3\\5}}{-6},\ C \underset{7}{-4},\ C \underset{\text{V}}{-2},$$

$$C \underset{3}{},\ C \underset{\text{V}}{+2},\ C \underset{5}{+4},\ C \underset{3}{+6},\ C \underset{11}{+8},\ C \underset{7}{+10},\ C \underset{3}{+12},\ C \underset{5}{+14},\ C \underset{13}{+16},\ C \underset{3}{+18}.$$

17, 19 et 23 peuvent être placés à volonté dans les 3 vides. L'ordre des diviseurs étant connu, on a vu (4) qu'il existe une infinité de groupes correspondants faciles à trouver; le groupe dont il s'agit a même été pris pour exemple, à cela près que les 3 derniers diviseurs à employer pour qu'il ne reste pas de vides, au lieu d'être 17, 19, 23, sont 41 ou 53 sous 2173, 2179 sous 2179 qui est un nombre premier, et enfin 37 ou 59 sous 2183.

Voilà le premier cas où la proposition de Legendre se trouve en défaut. Le groupe de 19 termes pris dans la suite naturelle des nombres entiers et commençant à 3773g103 admet les diviseurs 17, 19 et 23; il se calcule de la même manière.

Au lieu de placer 5 sous $C - 16$, $C + 4$, $C + 14$, on pourrait le mettre comme il a été dit sous $C + 16$, $C - 4$, $C - 14$, on trouve un groupe inverse; ce sont les deux seules manières de placer les diviseurs 3, 5, 7, 11, 13, de manière à ce que 19 termes consécutifs soient divisibles par 8 nombres premiers seulement, dont les 3 derniers sont seuls arbitraires.

TROISIÈME MÉTHODE.

14. *Autre démonstration quand* $K = 7$. Lorsque le nombre des diviseurs s'accroît, l'emploi des deux premières méthodes devient promptement impraticable. Pour pouvoir aller plus loin dans la recherche du maximum de Legendre, j'ai eu recours comme troisième moyen à l'examen des arrangements des diviseurs compatibles avec la loi des distances, et, afin de faciliter cette étude, je me suis proposé de donner d'abord dans le groupe considéré, aux diviseurs 3 et 5, toutes les positions possibles. D'après ce qu'on a vu (**7**), il suffit de prendre dans la progression dans laquelle nous ferons $P = 3.5$ et $A = 1$, ce qui est indifférent, les 8 groupes de n termes

commençant à $15 - \dfrac{15 + n - 2}{2}$ ou à $15 - \dfrac{n - 1}{2}$; tous les

autres seraient semblables ou inverses quant aux diviseurs 3 et 5, et, si les diviseurs qui restent ne peuvent remplir les vides contenus dans aucun de ces 8 groupes, ils ne le pourraient non plus dans d'autres.

Prenons pour premier exemple $K = 7$, $n = 17$, et voyons s'il est possible d'avoir 17 termes consécutifs divisibles par 7 diviseurs :

$$\overset{10}{7},\ \overset{9}{8},\ \overset{8}{\underset{3}{9}},\ \overset{9}{\underset{5}{10}},\ \overset{9}{11},\ \overset{9}{\underset{3}{12}},\ \overset{10}{13},\ \overset{9}{14},\ \underset{\substack{3\\5}}{15},\ 16,\ 17,\ \underset{3}{18},$$

$$\underset{5}{19},\ 20,\ \underset{3}{21},\ 22,\ 23,\ \underset{3}{24},\ \underset{5}{25},\ 26,\ \underset{3}{27},\ 28,\ 29,\ \underset{\substack{3\\5}}{30}.$$

La seconde ligne de ce tableau contient les termes de la progression ; dans la troisième, 3 et 5 sont placés sous leurs multiples ; les vides s'y trouvent sous les nombres premiers avec 15. Le premier groupe à examiner commence à

$15 - \dfrac{n - 1}{2} = 7$ et finit à 23 ; je le désignerai par ses termes

extrêmes entre parenthèses [7, 23] ; il renferme 10 vides.

le suivant en contient 9 : ces nombres sont écrits dans la première ligne au-dessus des premiers termes des 8 groupes. Les diviseurs peuvent être placés dans des vides quelconques ; 7, par exemple, peut être mis sous 16 et 23, dont la différence est 7, quoiqu'il ne divise point ces deux nombres ; il s'agit seulement de décider s'il existe un ordre compatible avec la loi des distances et ne laissant subsister aucun vide, car alors on saura trouver (4) dans d'autres parties de la progression les groupes qui présentent réellement les diviseurs dans cet ordre.

D'après la loi des distances, $\pi^{(k-1)} = 17$ et $\pi^k = 19$ ne peuvent remplir qu'un vide chacun. Pour qu'un nombre N puisse diviser n' termes séparés par $N - 1$ termes les uns des autres, il faut que n égale ou surpasse $(n' - 1) N + 1$. Ici aucun diviseur ne peut diviser 4 termes, puisque la moindre valeur de N est 7 et qu'on a n ou $17 < 3.7 + 1$. D'ailleurs, un nombre qui divise 3 termes tombe une fois sous un multiple de 3 et ne peut, par conséquent, remplir que 2 vides. En définitive, 7, 11, 13 ne peuvent remplir plus de 6 vides. Si l'on y joint les 2 vides que peuvent remplir 17 et 19, *le total qui est peut-être impossible à atteindre, mais ne peut être dépassé*, s'élève à 8. Par cela seul il est déjà prouvé que la proposition ne pourrait être en défaut que pour le groupe [9, 25] ; mais elle est vraie même dans ce cas particulier dans lequel 13 ne peut évidemment remplir qu'un seul vide, ce qui réduit *le total* à 7.

15. *Examen du théorème quand* $K = 9$. La discussion n'est pas toujours aussi simple. Prenons pour second exemple $K = 9$; $n = 23$; $15 - \dfrac{n - 1}{2} = 4$.

$$\overset{13}{4},\ \overset{11}{\underset{5}{5}},\ \overset{12}{\underset{3}{6}},\ \overset{13}{7},\ \overset{12}{8},\ \overset{12}{\underset{9}{9}},\ \overset{13}{\underset{6}{10}},\ \overset{13}{11},\ \underset{3}{12},\ 13,\ 14,\ \underset{\frac{3}{5}}{15},\ 16,\ 17,\ \underset{3}{18},\ 19,$$

$$\underset{5}{20},\ \underset{3}{21},\ 22,\ 23,\ \underset{3}{24},\ \underset{5}{25},\ 26,\ \underset{3}{27},\ 28,\ 29,\ \underset{\frac{3}{5}}{30},\ 31,\ 32,\ \underset{3}{33}.$$

7 est le seul facteur de P qui puisse diviser 4 termes et

remplir 3 vides, les autres jusqu'à 19 inclusivement n'en peuvent remplir plus de 2 chacun, 23 et 29 plus de 2 en tout; le total est 13. Avant de procéder à l'examen particulier de chaque groupe, il est commode de dresser un tableau des vides qui peuvent être remplis au nombre de 3 par le diviseur 7, et au nombre de 2 par 11, 13, 17, 19; on les trouve par des additions faciles :

7 peut remplir 3 vides sous 7, 14, 28   8, 22, 29.
11 peut remplir 2 vides sous 8, 19   11, 22   17, 28.
13   »   4, 17   13, 26   16, 29   19, 32.
17   »   11, 28   14, 31.
19   »   4, 23   7, 26   13, 32.

Dans le groupe [4, 26] le diviseur 7 ne peut remplir que 2 vides, et 17 qu'un seul. Le *total* est abaissé à 11, et ce groupe est *exclu* du nombre de ceux qui pourraient être sans vide après l'emploi des 9 diviseurs.

Le diviseur 7 ne peut encore remplir que 2 vides dans le groupe [5, 27], et 17 qu'un seul. 19 n'en peut remplir 2 que sous 7, 26, et 13 que sous 13, 26; ce qui cause un double emploi et réduit à 3 les vides que peuvent remplir 19 et 13 ensemble ; le total est abaissé à 10 et le groupe est exclu.

Il est inutile d'examiner les groupes [6, 28] et [7, 29], puisque aucun des vides qui n'ont pu être tous remplis dans le groupe précédent n'a disparu. Désormais les groupes auxquels cette observation pourra s'appliquer seront passés sous silence. En général, après avoir examiné un groupe qui ne commence pas par un vide, s'il est exclu, il faut passer de suite au groupe qui commence par un terme laissant un vide en arrière.

Ici c'est [8, 30]: 19 n'y peut remplir qu'un vide, ce qui abaisse le total à 12, et tout ce qui *paraît* encore possible devient *nécessaire*. Il *faut* que 7 remplisse 3 vides et par conséquent soit sous 8, 22, 29; ensuite 11 et 17 n'en peuvent plus remplir que 5 à cause d'un double emploi, et le groupe est exclu.

Dans le groupe [9, 31], 7 ne peut remplir que 2 vides, et 19 qu'un. Le total est abaissé à 11 et ce groupe est encore exclu. D'après ce qui précède, il n'y a pas lieu à examiner les deux suivants; la proposition de Legendre est vraie pour $K = 9$; *vingt-trois termes consécutifs ne peuvent être divisibles à la fois par neuf nombres premiers seulement.*

16. *Règle et réglette.* La formation du tableau des vides qui peuvent être remplis simultanément par chaque diviseur devient beaucoup moins longue et fastidieuse, et on peut même l'éviter pour de faibles valeurs de K quand on se sert d'une règle divisée en parties égales, en demi-centimètres par exemple, sur laquelle on a écrit la suite naturelle des nombres entiers avec les diviseurs 3 et 5 sous leurs multiples; deux curseurs cachent les portions de la règle sur lesquelles l'attention ne doit pas être portée dans le cas qu'on discute. Une réglette divisée de la même manière et percée de trous reçoit une cheville au zéro et une à chaque multiple de 7, si tel est le diviseur qu'on examine; en la plaçant au long de la règle, on opère mécaniquement les additions ou soustractions, et l'on voit de suite quels vides peuvent être remplis simultanément par le diviseur considéré. Pour le groupe [4, 26], on constate en un instant que 7 ne peut remplir que 2 vides, et 17 que 1, ce qui l'exclut.

Pour $n = 23$ ou $n = 29$, l'utilité de ce petit instrument n'est pas grande, mais il n'en est pas de même pour des valeurs plus considérables. Des trous doivent exister aussi à chaque vide sur la règle, et il est très-commode, lorsque dans la discussion on a constaté qu'il existera finalement au moins un vide à moins que certains diviseurs n'occupent des positions déterminées, d'y placer des chevilles qui empêchent d'oublier qu'elles sont déjà occupées et qui permettent de reconnaître avec plus de facilité le nombre des vides

que les autres diviseurs peuvent au plus remplir désormais.
La règle peut être facilement construite avec une règle ordinaire de 75 centimètres de longueur, qu'on divise en
demi-centimètres au moyen de perpendiculaires à ses bords
et dont on partage la largeur en 4 parties par 3 autres
droites. Les chevilles peuvent être de petites pointes sans
tête qu'on trouve chez les quincailliers; l'une d'entre elles,
emmanchée et usée sur une pierre, peut servir de foret
pour percer les trous destinés à les recevoir. Près de l'un
des bords, on numérote les divisions depuis 22 jusqu'à
167, on marque les diviseurs 3, 5, 7 sous leurs multiples,
on perce un trou à chaque vide, et l'on a ainsi une grande
règle qui peut servir à vérifier tous les résultats donnés
dans ce Mémoire. Sur l'autre bord, on numérote depuis $\overline{2}$
jusqu'à 54, on place les diviseurs 3, 5 sous leurs multiples,
on perce un trou à chaque vide, et ce bord peut servir de
petite règle. Quant à la réglette, elle peut n'avoir que 50 centimètres; on la divise aussi en demi-centimètres; puis on
marque, à partir du zéro, les nombres premiers autres que
3 et 5, ainsi que leurs multiples, et on perce un trou vers
chaque division obtenue de la sorte, afin qu'on puisse indiquer par des chevilles les diviseurs qui ont déjà servi et
éviter de les considérer deux fois. Sur la parallèle à la longueur tracée au milieu de la règle, on perce un trou à chaque division et, en y plaçant convenablement des chevilles
qui remplacent les curseurs, on indique les limites du
groupe qu'on veut étudier.

17. *Examen de la proposition quand* K = 10. Lorsque
K = 10 on a $n = 29$ et $15 - \dfrac{n-1}{2} = 1$. La portion de la
règle utile commence à 1 et finit à 36 inclusivement. Les
raisons données dans le paragraphe (**15**) dispensent d'examiner les groupes [4, 32], [6, 34], [7, 35] quand les
autres sont exclus, et il reste [1, 29], [2, 30], [3, 31],
[5, 33], [8, 36], qui contiennent chacun 15 vides, si ce

n'est le premier dans lequel il y en a 16. La règle et la réglette servent à dresser rapidement le tableau des vides qui peuvent être simultanément remplis par un même diviseur; on peut mettre :

7 sous 1, 8, 22, 29 2, 16, 23 17, 31 4, 11, 32 19, 26 13, 34
             7, 14, 28 16, 23.
11 sous 1, 23, 34 2, 13 4, 26 7, 29 8, 19 11, 22 17, 28.
13 sous 1, 14   2, 28 4, 17 8, 34 13, 26 16, 29 19, 32.
17 sous 2, 19   11, 28 14, 31 17, 34.
19 sous 4, 23   7, 26 13, 32.
23 sous 8, 31   11, 34.

29 et 31 ne peuvent remplir que 2 vides en tout ; 23, 19, 17, 13, 11 que 2 chacun et 7 que 3 excepté dans le premier groupe quand il est placé sous 1, 8, 22, 29. Le total est 16 pour le premier groupe et 15 pour les autres ; ainsi, tout ce qui paraît d'abord possible est nécessaire, et une seule incompatibilité suffira pour *exclure* un groupe du nombre de ceux qui peuvent mettre la proposition en défaut.

[1, 29]. Ce groupe est exclu, parce que 23 n'y peut remplir qu'un vide.

[2, 30]. Est exclu par la même raison.

[3, 31]. Tout ce qui paraît possible étant nécessaire, *il faut* mettre 23 sous 8, 31 ; 7 sous 7, 14, 28 ; après cela 17 ne peut plus remplir qu'un vide et ce groupe est exclu.

[5, 33]. Est exclu parce que 13 n'y peut remplir qu'un vide.

[8, 36]. Dans ce groupe, 13 ne peut remplir 2 vides que sous 8, 34 ; ensuite 23 n'en peut remplir qu'un. Exclu.

La proposition de Legendre est encore vraie pour K = 10; on aurait pu arriver facilement à cette conclusion sans écrire le tableau ; en constatant seulement les motifs d'exclusion.

18. K = 11. Quand, au lieu de considérer, comme dans les paragraphes précédents, des groupes de $\pi^{(k-1)}$

termes, on procède à la discussion de la même manière en considérant des groupes de $\pi^{(k-1)} - 1$ termes seulement, excepté pour K = 8, on trouve jusqu'à K = 10 inclusivement qu'il n'existe que l'arrangement symétrique de Legendre permettant d'obtenir $\pi^{(k-1)} - 1$ termes consécutifs divisibles par K nombres premiers. Je me borne à énoncer ce résultat, parce que les démonstrations sont tout à fait analogues aux précédentes. Cela étant établi pour une certaine valeur de K, on peut s'en servir pour faciliter l'examen quand cette valeur est plus grande d'une unité comme nous allons le faire voir pour K = 11. L'arrangement de Legendre donne alors 30 termes consécutifs divisibles par 3, 5, 7,..., 37; *il est inutile de l'admettre dans la recherche puisqu'il est connu d'avance, et ne peut fournir un groupe de 31 termes sans vide. En en faisant abstraction*, on peut, pour trouver tous les arrangements capables de donner 30 termes sans vide avec 11 diviseurs, admettre que 29 ne divise qu'un terme du groupe, car, autrement, entre ses 2 multiples, il y aurait 28 termes sans vide avec emploi de 10 diviseurs, ce qui n'est pas possible autrement qu'avec cet arrangement dont il est fait abstraction.

Dans un groupe de 30 termes, 31 et 37 ne peuvent diviser qu'un seul terme; nous supposerons, comme il vient d'être dit, qu'il en est de même de 29; 23, 19, 17 n'en peuvent diviser plus de 2 chacun; 13 et 11 peuvent avoir 3 multiples dans le groupe; mais l'un est en même temps multiple de 3; on voit donc que les diviseurs autres que 7 ne peuvent remplir au plus que 13 des vides laissés par 3 et 5. Le premier des 8 groupes à examiner est (7) :

$$Q - \frac{n-2}{2} A = 15 - \frac{30-2}{2} = 1.$$ Il renferme 16 vides ainsi que les 7 autres; car 30 termes constituent 2 espaces complets, et tout espace complet renferme 8 vides.

[1, 30]. La réglette montre de suite que, dans ce groupe, 23 ne peut remplir qu'un vide, le total est abaissé de 13 à

12, et il devient nécessaire que 7 en remplisse 4 et soit sous 1, 8, 22, 29. 11 ne peut être mis sous 4, 26; car 19 ne pourrait plus remplir 2 vides, ce qui est indispensable; ce diviseur peut être placé de deux manières :

Premier cas. On peut mettre 11 sous 17, 28; 13 ne peut ensuite remplir 2 vides que sous 13, 26; 17 que sous 2, 19 et 19 que sous 4, 23. Les quatre nombres 23, 29, 31, 37 sont placés à volonté dans les 4 autres vides sous 7, 11, 14, 16, et on arrive, pour les diviseurs, à l'arrangement qui suit dans lequel 23, 29, 31, 37 peuvent être changés l'un en l'autre ou remplacés par d'autres nombres premiers :

$$\overset{3}{\underset{13}{5}}, 7, 17, 3, 19, 5, \overset{3}{11}, 23, 7, 3, 5, 29, 3, 13, 31,$$

$$\overset{3}{\underset{7}{5}}, 37, 11, 3, 17, 5, 3, 7, 19, 3, 5, 13, 3, 11, 7, \overset{3}{\underset{23}{5}}.$$

Ce groupe est suivi d'un vide, mais il est précédé de o qui est divisible par 3 et 5, et sous lequel d'ailleurs tombe le diviseur 13 d'après la loi des distances. Le terme — 1, qui vient avant, correspond à un vide; car il n'est pas divisible par 3 ou 5, et aucun diviseur ne tombe dessous. Cet arrangement met la proposition en défaut, puisqu'il fournit 31 termes divisibles par 11 diviseurs. Dans la suite naturelle des nombres entiers 1482585 est le premier terme d'un des groupes qui admettent cette succession de diviseurs; les diviseurs 23, 29, 31, 37 étant remplacés par d'autres nombres premiers. En doublant ce nombre et retranchant P_{19}, on obtient le premier terme d'un groupe semblable dans la suite des nombres impairs.

Second cas. On peut aussi placer 11 sous 2, 13; alors il faut mettre 13 sous 4, 17; 17 sous 11, 28 et 19 sous 7, 26; enfin, les 4 autres diviseurs à volonté sous 14, 16, 19, 23; on obtient ainsi le groupe inverse du précédent. On en a un exemple en prenant le premier terme 1482585 de l'un pour dernier de l'autre, après avoir changé son signe. Pour trouver un exemple parmi les nombres positifs, on ajoute P_{19} et on a 3367260 pour dernier terme ou 3367230 pour premier.

[2, 31]. Dans les groupes qui restent à examiner 7 ne peut désormais remplir plus de 3 vides, et le total complet 16 est nécessaire. Il faut placer ici 23 sous 8, 31 ; car ce n'est qu'ainsi qu'il peut remplir 2 vides ; ensuite 7 peut remplir 3 vides, comme cela est indispensable, de deux manières :

Premier cas. 7 peut être mis sous 2, 16, 23 ; puis 19 doit être placé sous 7, 26 et 17 sous 11, 28 ; 11 ne pouvant plus remplir 2 vides, cet arrangement est exclu.

Second cas. 7 peut aussi être mis sous 7, 14, 28, après quoi il faut mettre 23 sous 8, 31 ; 19 sous 4, 23 ; 17 sous 2, 19 ; 11 sous 11, 22 et 13 sous 13, 26, ou bien sous 16, 29. On a ainsi deux arrangements qui conduisent (4) à trouver des groupes de 30 termes sans vides ; ils sont, ainsi que leurs inverses, contraires à la proposition, non pas quant à la valeur 30 du maximum, mais quant à la disposition des diviseurs que Legendre affirme ne pouvoir être autre que celle qu'il indique

[3, 32]. Le diviseur 23 ne peut être placé que sous 8, 31 ; puis 17 que sous 11, 28 ; ensuite 7 ne peut remplir que 2 vides, et ce groupe est exclu.

[5, 34]. Le diviseur 7 peut remplir 3 vides de deux manières :

Premier cas. On le peut mettre sous 7, 14, 28 ; puis il faut placer 19 sous 13, 32 ; 17 sous 17, 34 ; 23 sous 8, 31 ; 13 sous 16, 29, et 11 sous 11, 22. Il est facile de montrer que le premier terme d'un tel groupe a la forme $P_{23} t - 11366353$, les trois termes auxquels correspondent des vides admettant 3 diviseurs premiers quelconques supérieurs à 23. Il est précédé d'un vide, mais 35 et 36 qui le suivent sont des multiples de 5 et de 3, et d'ailleurs sous 35 tombe le diviseur 7 ; on obtient donc

un arrangement qui peut conduire (4) à des groupes de
32 termes sans vide.

Second cas. 7 peut aussi être placé sous 8, 22, 29; puis
il faut mettre 23 sous 11, 34; 17 sous 14, 31; 11 sous 17,
28. 19 ne peut être sous 13, 32, parce que 13 ne pourrait
ensuite remplir 2 vides; il le faut sous 7, 26, et 13 sous 19,
32; on a ainsi un nouvel arrangement donnant encore 32
termes sans vide.

[8, 37]. Le diviseur 19 ne peut remplir 2 vides que
sous 13, 32. Ensuite 7 peut en remplir 3 de deux manières.
Si on le place sous 8, 22, 29; 13 doit être sous 11, 37;
alors 23 ne peut remplir qu'un vide et ce cas est exclu.
7 sous 16, 23, 37 exige 13 sous 8, 34, puis 23 ne peut encore remplir qu'un vide et ce second cas est exclu comme
le premier.

En résumé, quand K = 11, la proposition se trouve en
défaut de plusieurs manières : le maximum est 32 au lieu
de 30, et il existe en outre des groupes de 31 termes et des
groupes de 30 termes différents de ceux que Legendre dé-
clare seuls possibles ; mais dans *tous*, 29 ne divise qu'un
terme contrairement à ce qui arrive pour celui de Legendre.

19. $K = 12$; $n = 36$; $Q - \dfrac{P+n-1}{2} = 5$. Si 31 divisait deux termes du groupe, il existerait entre eux 30 termes sans vide avec emploi de 11 diviseurs ; or, cela n'est
possible, outre la disposition symétrique de Legendre, que
d'un nombre très-limité de manières trouvées dans le paragraphe qui précède, et il est évident qu'aucune d'elles
ne conduit à 36 termes consécutifs sans vide. Nous admet-
trons donc dans la recherche actuelle que 31 divise seulement un terme ainsi que 37 et 41 ; 13, 17, 19, 23, 29 ne
peuvent remplir que 2 vides chacun au plus ; 11 que 3 et 7
que 4 ; le total est 20.

Dans le premier groupe à examiner, [5, 40], il y a 18

vides. La réglette montre rapidement que 7 n'en peut remplir plus de 3, et 11 plus de 2, ce qui abaisse le total à 18. Tout ce qui paraît encore possible est nécessaire : il faut que 29 soit sous 8, 37, puisque c'est la seule manière de lui faire occuper 2 vides ; 23 doit être sous 11, 34, 17 sous 14, 31 ; ensuite 7 ne peut plus remplir 3 vides, ce qui exclut ce groupe.

[8, 43] renferme 19 vides. Si 7 en remplit 4, il est sous 8, 22, 29, 43 ; alors 11 ne peut remplir que 2 vides, et 29 qu'un ; le total est abaissé à 18, et ce groupe est exclu. Si 7 ne remplit que 3 vides, il faut que 11 en remplisse 3, et soit sous 8, 19, 41 ; 29 doit être sous 14, 43 ; 23 sous 11, 34 ; puis 17 ne peut remplir qu'un vide, et ce groupe est encore exclu.

[9, 44] contient 19 vides. Si 11 en remplit 3, il est sous 11, 22, 44 ; alors 7 n'en remplit que 3 et le total est abaissé à 19 ; 29 doit être sous 14, 43 ; puis 23 ne peut remplir qu'un vide et cet arrangement est exclu. Si 11 ne remplit que 2 vides, il est nécessaire que 7 en remplisse 4 et soit sous 16, 23, 37, 44 ; 29 ne peut être que sous 14, 43 ; 23 que sous 11, 34 ; ensuite 17 ne remplit qu'un vide et ce groupe est exclu.

[12, 47]. Ce groupe qui renferme 20 vides est exclu, parce que 11 n'en peut remplir que 2, ce qui abaisse le total à 19.

Pour $K = 12$ la proposition de Legendre n'est donc point en défaut ; il n'existe pas de groupe de 37 termes sans vide, et l'on n'en peut obtenir un de 36 termes que de la manière indiquée par ce savant.

20. $K = 13$. La discussion complète est entièrement analogue aux précédentes ; on peut supposer de suite que 37, 41, 43 ne divisent qu'un terme dans le groupe, car, dans le cas contraire, il y aurait entre les deux multiples 36, 40, 42 termes sans vide avec emploi de 12 diviseurs, et, d'après ce que l'on vient de voir, cela ne peut arriver que pour 36 avec l'arrangement symétrique de Legendre que nous excluons toujours de la recherche comme connu d'avance. L'examen conduit à deux arrangements contraires à la proposition et au moyen desquels il est facile de calculer les premiers termes de groupes de 44 et 41 termes consécutifs sans vide ; voici le premier :

$$5, 7, 13, 3, 11, 5, 3, 31, 7, 3, 5, 23, 3, 19, 17, \underset{\substack{11\\13}}{\overset{\substack{3\\5}}{7}}, V, V, 3, V, 5,$$

$$3, 7, V, 3, 5, 11, 3, 13, 7, \overset{3}{5}, 17, 19, 3, 23, 5, 7, 11, 31, 3, 5, 13, 3, 7.$$

29, 37, 41, 43 ou d'autres nombres premiers peuvent être placés à volonté dans les 4 vides qui restent, et l'on a 44 termes consécutifs sans vide. Il est évident que dans la suite naturelle des nombres entiers le premier terme a la forme $P_{13} t - 15$, puisque le 16e a la forme $P_{13} t$; cette remarque abrége les calculs qui conduisent (4) à trouver les groupes.

L'autre arrangement signalé est le suivant :

$$5, 3, 31, 23, \overset{3}{7}, 5, 11, 3, 19, 29, \underset{13}{\overset{3}{5}}, 7, 17, 3, V, 5, 3, 11, 7, 3, 5, V,$$

$$3, 13, V, \underset{7}{\overset{3}{5}}, 23, 19, \underset{11}{3}, 17, 5, 3, 7, 31, 3, 5, 13, 3, 29, \overset{11}{7}, \overset{3}{5}.$$

Les 3 vides qui restent peuvent être remplis par 37, 41, 43 ou d'autres nombres premiers, et l'on a 41 termes consécutifs sans vide.

Pour abréger, je vais me borner à démontrer qu'il n'existe pas de groupe de 45 termes ; l'existence des groupes de 44 termes étant prouvée par la seule inspection de l'arrangement écrit plus haut, il en résultera que le maximum est 44 au lieu de 40, nombre de Legendre.

Puisque 45 termes forment trois espaces complets, ils contiennent toujours $8 \times 3 = 24$ vides, dont 7 peut remplir 5 au plus, car sur les 7 termes qu'il peut diviser, il se trouve deux multiples de 3, et un multiple de 5 qui peut être l'un d'eux. 11 peut diviser 5 termes et remplir 4 vides, mais avec la condition comme pour 7 d'être sous un multiple de 15. 17, 19, 23, 29, 31, ne peuvent remplir plus de 2 vides chacun; 37, 41, 43 plus de 3 en tout, et 13 plus de 3. Le total est 25.

Le premier groupe à examiner est [1, 45], et le dernier [8, 52]; car on a $Q - \dfrac{P + n - 2}{2} = 1$.

Dans le premier groupe, 11 ne peut remplir que 3 vides, ce qui abaisse le total à 24 et exige que 7 en remplisse 5. Si on le place sous 1, 8, 22, 29, 43; 13 doit être mis ensuite sous 2, 28, 41, car partout ailleurs il remplirait au plus 2 vides; alors 29 ne peut en remplir qu'un et cet arrangement est exclu. Il n'existe qu'une autre manière de placer 7 dans 5 vides à la fois, c'est sous 2, 16, 23, 37, 44; elle exige que 13 soit mis ensuite sous 4, 17, 43, puis 29 ne peut occuper que 2 vides; ce cas est entièrement exclu.

[2, 46]. 11 ne peut ici remplir que 3 vides; il est nécessaire que 7 en remplisse 5 et soit sous 2, 16, 23, 37, 44; puis le diviseur 13 doit être placé sous 4, 17, 43, après quoi 29 ne peut remplir qu'un vide, et ce groupe est exclu.

[3, 47]. 7 ne peut remplir que 4 vides, et 11 que 3; le total est abaissé à 23, ce qui exclut ce groupe qui contient 24 vides comme tous les autres.

[5, 49]. Ce groupe est exclu par les mêmes raisons.

[8, 52]. 7 ne peut remplir plus de 4 vides; il faut que 11 en remplisse 4 et soit sous 8, 19, 41, 52; puis 13 ne peut en remplir que 2 et ce groupe est exclu.

Ainsi on voit en définitive qu'il n'existe aucune disposition de 13 diviseurs qui puisse donner 45 termes consécutifs sans vide; 44 est donc bien le maximum.

La règle, la réglette et les chevilles qu'on place dans les trous qu'elles présentent rendent facile et prompte la vérification de tous ces résultats.

21. K $= 14$. Pour K $= 14$ et surtout pour les valeurs
suivantes la discussion devient plus compliquée et, sans
être difficile, elle exige de l'attention. On peut y remédier
en préparant une règle et une réglette sur laquelle on marque
les diviseurs 3, 5, 7, ce qui dispense de l'étude des positions nombreuses que peut prendre le diviseur 7. Il faut
alors considérer plus de groupes, mais la rapidité avec laquelle on parvient à exclure beaucoup d'entre eux fournit
une compensation. En suivant la même marche que dans
les paragraphes qui précèdent, j'ai trouvé les nombreux
arrangements de diviseurs en désaccord avec la proposition
jusqu'à K $= 16$ inclusivement. Pour éviter les longueurs,
je supprime ces discussions complètes; je ferai connaître
les maximums et me bornerai à en démontrer l'exactitude;
après avoir lu les applications données plus haut, on pourra
toujours suivre sans peine, si on le préfère, la méthode de
recherche.

Dans le cas actuel, Legendre donne pour maximum 42.
L'arrangement qui suit prouve qu'il est au moins 49 :

$$\overset{3}{\underset{17}{11}},\ 31,\ 29,\ \overset{3}{5},\ 37,\ 7,\ 3,\ 13,\ 5,\ 3,\ 19,\ 11,\ \overset{3}{7},\ 5,\ 23,\ 3,\ \mathrm{V},\ 17,\ \overset{3}{5},$$

$$7,\ 13,\ 3,\ 11,\ 5,\ 3,\ \mathrm{V},\ 7,\ 3,\ 5,\ 19,\ 3,\ 29,\ 31,\ \overset{3}{\overset{5}{\underset{11}{\underset{13}{7}}}},\ 17,\ \mathrm{V},\ 3,\ 23,\ 5,$$

$$3,\ 7,\ 37,\ 3,\ 5,\ 11,\ 3,\ 13,\ 7,\ \overset{3}{\underset{19}{5}}.$$

19 peut également être placé dans le premier et le dernier des 3 vides qui restent. 41, 43, 47 ou trois autres
nombres premiers placés à volonté dans les 3 vides conduisent, comme on voit, à trouver (**4**) des groupes de 49 termes sans un seul vide avec emploi de 14 diviseurs. Ce sont
avec les inverses les seuls arrangements possibles, car la
discussion pour $n = 49$ exclut tous les autres.

Pour établir que le maximum est 49, il suffit de démontrer l'impossibilité d'un groupe de 5o termes sans vide; la petite règle suffit encore ici.

Lorsque 41 divise 2 termes, entre eux il se trouve 4o termes sans vide avec emploi de 13 diviseurs, ce qui exige ou la disposition symétrique de Legendre qui, pour 14 diviseurs, conduit seulement à 42 termes consécutifs sans vide, ou l'un des arrangements signalés dans le paragraphe **20** qui conduisent à 46 termes au plus, aussi bien pour 43 que pour 41. Entre deux multiples de 47 il ne saurait y avoir 46 termes sans vide avec emploi de 13 diviseurs, puisque pour ce nombre de diviseurs le maximum est 44. Nous supposerons donc que 41, 43 et 47 ne remplissent en tout que 3 vides. 37, 31, 29, 23, 19, 17 n'en peuvent remplir plus de 2 chacun; 13 en remplit 3 au plus, 11 en remplit 4, et 7 en remplit 5. Le total est 27.

Le premier groupe à examiner commence à $Q - \dfrac{P+n-1}{2}$ $= -2$; il est $[-2, 47]$; le dernier est $[5, 54]$.

$[-2, 47]$. Ce groupe qui renferme 28 vides est exclu sans discussion, puisque le total est 27.

$[-1, 48]$. 11 ne peut remplir que 3 vides, ce qui abaisse le total à 26 et exclut ce groupe où il y a 27 vides.

$[0, 49]$. *Idem.*

$[2, 51]$ renferme 26 vides; 11 n'en peut remplir que 3, ce qui abaisse le total à 26, et il est nécessaire que 7 en remplisse 5 et soit sous 2, 16, 23, 37, 44; puis il faut que 11 en remplisse 3 sous 8, 19, 41; ensuite 37 ne peut remplir qu'un vide et ce groupe est exclu.

$[3, 52]$ contient encore 26 vides, dont 4 seulement peuvent être remplis par 7; il devient nécessaire que 11 en remplisse 4 et soit sous 8, 19, 41, 52; puis il faut mettre 13 sous 4, 17, 43; 37 sous 7, 44; ensuite 7 ne peut remplir que 3 vides et ce groupe est exclu.

$[5, 54]$ renferme 26 vides, dont 4 seulement peuvent être remplis par 7, ce qui abaisse le total à 26. Il devient nécessaire de placer 11 sous 8, 19, 41, 52, après quoi 13 ne peut remplir que 2 vides. Ce groupe est encore exclu, et il demeure prouvé qu'il n'existe nulle part dans la progression 50 termes consécutifs divisibles sans exception par 14 nombres premiers.

L'accumulation de 5 diviseurs sous le 34e terme peut servir à abréger le calcul d'un groupe présentant 49 termes consécutifs sans vide ; il a la forme $P_{13} t$. Le terme suivant devant être divisible par 17, et P_{13} ayant pour valeur $15015 = 17 \times 883 + 4$, on voit que $4t + 1$ doit être divisible par 17, et pour cela il est nécessaire et suffisant que t ait la forme $4 + 17 t'$; par suite, le 34e terme a la forme $15015 \times 4 + P_{17} t'$, ou bien $255255 t' + 60060$. Mais, augmenté de 2, il faut qu'il soit divisible par 19 et, d'ailleurs, divisé par 19 après avoir été ainsi augmenté, il donne pour reste $9 t' + 3$; ainsi t' est de la forme $19 t'' + 6$, et le 34e terme devient $6 \times 255255 + 60060 + P_{19} t''$ ou bien $4849845 t'' + 1591590$. Augmenté de 4, il doit encore être divisible par 23 ; effectuant la division, on trouve pour reste $19 t'' + 17$; cela montre que t'' a la forme $23 t''' + 10$, et le 34e terme devient $111546435 t''' + 50090040$. En tenant compte de la même manière de ce que le 32e terme moindre de 2 unités doit être multiple de 29, et aussi de ce que le 33e terme doit être multiple de 31 et le 42e de 37, on arrive à la forme finale

$$P_{37} t + 1221037367550$$

du 34e terme. Le nombre qui accompagne $P_{37} t$ étant moindre que la moitié de P_{37}, le groupe le moins éloigné de zéro dans la progression s'obtient évidemment en faisant $t = 0$. Pour avoir son premier terme, il faut retrancher 33 ; ce qui donne

$$1221037367517.$$

22. $K = 15$. Legendre indique pour maximum 46 ; l'ordre des diviseurs suivant prouve qu'il est au moins 52.

$$3,\ \overset{5}{7},\ V,\ \underset{17}{\overset{8}{11}},\ 31,\ 29,\ \overset{8}{5},\ 37,\ 7,\ 3,\ 13,\ 5,\ 3,\ 19,\ 11,\ \overset{5}{7},\ 5,\ 23,\ 3,\ V,$$

$$17,\ \overset{3}{5},\ 7,\ 13,\ 3,\ 11,\ 5,\ 3,\ V,\ 7,\ 3,\ 5,\ 19,\ 3,\ 29,\ 31,\ \underset{\underset{13}{7}}{\overset{3}{5}},\ 17,\ V,\ 3,$$

$$23,\ 5,\ 3,\ 7,\ 37,\ 3,\ 5,\ 11,\ 3,\ 13,\ 7,\ \underset{19}{\overset{3}{5}}.$$

Nous allons chercher tous les arrangements qui peuvent donner ce même nombre de termes sans vide. $Q - \dfrac{P + n - 1}{2}$

$= 105 - \dfrac{105 + 52 - 1}{2} = 27$. Le premier groupe à étudier est [27, 78] et le dernier [79, 130]. Le diviseur 11 ne peut remplir que 4 vides au plus, le diviseur 13 que 3; dans aucun des groupes utiles à examiner 17 n'en peut remplir plus de 2 et il en est de même des diviseurs supérieurs jusqu'à 53 qui n'en peut remplir qu'un; le total qui paraît possible avant l'étude des incompatibilités est 26.

[27, 78]. 24 vides dont 3 seulement peuvent être remplis par 11; 41 et 13 n'en peuvent remplir que 4, ce qui abaisse le total à 24 et exige que 47 remplisse 2 vides sous 29, 76; 43 deux autres sous 31, 74; ensuite 11 ne peut remplir que 2 vides. Exclu.

[30, 81]. 24 vides. Le total est encore abaissé à 24 parce que 11 ne peut remplir que 3 vides et 47 qu'un (47 sous 32, 79 empêcherait 41 de pouvoir remplir 2 vides et exigerait 43 sous 31, 74, après quoi 11 ne pourrait remplir que 2 vides, ce qui abaisserait le total à 23). 43 doit être placé sous 31, 74; 37 sous 34, 71; ensuite 13 ne peut remplir que 2 vides. Exclu.

[32, 83]. Contient 25 vides; les 24 derniers sont dans le groupe suivant qui va être exclu parce qu'ils sont impossibles à remplir; il n'y a donc pas lieu à examiner celui-ci. Désormais il ne sera plus parlé des groupes auxquels une pareille observation pourra s'appliquer.

[33,84]. 24 vides. 11 n'en peut remplir que 3 ; 47 qu'un ; 43 qu'un ; le total est abaissé à 23. Exclu.

[35,86]. 24 vides. 11 n'en peut remplir que 3 ; 47 qu'un ; le total est abaissé à 24. Il faut que 43 soit sous 43,86 ; puis ce groupe est exclu parce que 13 n'y peut plus remplir 3 vides.

[39.90]. 24 vides. 11 n'en peut remplir que 3 ; si 47 n'en remplissait qu'un, ce groupe serait exclu par les mêmes raisons que le précédent ; ainsi il faut mettre 47 sous 41,88 ; alors 41 ne peut remplir qu'un vide. Le total est abaissé à 24 et 13 doit être sous 47, 73, 86 ; puis, 43 sous 46, 89 ; ensuite 37 ne peut plus remplir 2 vides. Exclu.

[42, 93]. 24 vides. 11 n'en peut remplir que 3 ; 47 qu'un ; il faut 41 sous 47, 88 ; puis 13 sous 53, 79, 92, après quoi 11 ne peut remplir que 2 vides. Exclu.

[45,96] 23 vides. 11 n'en peut remplir que 3 ; 47 et 41 que 3 ; 43 et 37 que 3. Le total est abaissé à 23 ; il faut que 13 remplisse 3 vides, ce qui est possible de deux manières que nous allons examiner successivement :

1° 13 peut être sous 47, 73, 86, alors 47 ne peut remplir qu'un vide ; 41 doit être sous 53, 94 ; 29 sous 59, 88 ; 11 sous 46, 68, 79 ; puis 23 ne peut plus remplir 2 vides. Exclu.

2° 13 peut aussi être sous 53, 79, 92 ; alors il faut mettre 11 sous 61, 83, 94 (sous d'autres nombres ce diviseur ne pourrait remplir 3 vides comme cela est nécessaire) ; 47 ne peut maintenant remplir qu'un vide ce qui exige que 41 soit sous 47, 88 ; puis cet arrangement est exclu parce que 29 ne peut plus remplir 2 vides.

[48,99]. 22 vides. 47 n'en peut remplir qu'un et 43 de même. Si 11 en remplit 4, il est sous 53, 64, 86, 97 ; alors 41 ne peut remplir qu'un vide ; 13 que 2 ; le total est abaissé à 22, et il faut 37 sous 52, 89 ; 31 sous 61, 92 ; 19 ne peut plus remplir qu'un vide. Exclu.

Puisqu'il faut maintenant supposer que 11 ne remplit que 3 vides et n'est pas sous 53, 64, 86, 97, le total est déjà abaissé à 23; 13 doit remplir au moins 2 vides ce qui laisse à examiner 3 cas :

1° 13 sous 53, 79, 92; alors 41 ne peut remplir qu'un vide ; il faut 37 sous 52, 89; puis 31 ne peut plus remplir qu'un vide. Exclu.

2° 13 sous 58, 71, 97. Si 11 est sous 61, 83, 94 ; 41 ne peut remplir qu'un vide ; il faut 37 sous 52, 89; puis 31 ne peut remplir qu'un vide. Exclu. Si 11 ne remplit que 2 vides, il faut 41 sous 53, 94; 37 sous 52, 89; 31 sous 61, 92; 29 sous 59, 88; ensuite 23 ne peut remplir qu'un vide. Exclu.

3° 13 ne remplit que 2 vides. Il faut 41 sous 53, 94; 37 sous 52, 89; 31 sous 61, 92; 11 sous 64, 86, 97; puis 19 ne peut remplir qu'un vide. Exclu.

[54, 105]. 23 vides. 11 n'en peut remplir que 3; 47 qu'un. Si 13 n'en remplit que 2, il faut 41 sous 62, 103; puis, 43 sous 58, 101 (43 sous 61, 104 exigerait 37 sous 64, 101, après quoi 11 ne pourrait remplir 3 vides); 37 sous 67, 104; 31 sous 61, 92; 11 sous 64, 86, 97; 29 sous 59, 88; 23 sous 71, 94; ensuite 19 ne peut remplir 2 vides. Exclu. Reste à examiner 13 remplissant 3 vides :

1° Sous 62, 88, 101; alors 41 n'en peut remplir qu'un ; il faut 43 sous 61, 104; puis 37 ne peut remplir qu'un vide. Exclu.

2° 13 sous 58, 71, 97; 43 et 31 ne peuvent remplir que 3 vides; il faut 41 sous 62, 103; 29 sous 59, 88; puis 23 ne peut remplir 2 vides. Exclu.

[60, 111]. 24 vides. 11 n'en peut remplir que 3; 47 et 41 que 3; le total est abaissé à 24; il faut que 13 remplisse 3 vides, ce qui exige :

1° 13 sous 68, 94, 107; 43 sous 61, 104; 37 sous 64, 101; 11 sous 62, 73, 106; puis 31 ne peut remplir qu'un vide. Exclu.

Ou 2° 13 sous 62, 88, 101; 37 sous 67, 104; 43 sous 64, 107; 31 sous 61, 92; enfin, 11 ne peut plus remplir 3 vides. Exclu.

[63, 114]. 23 vides. 11 n'en peut remplir que 3; 47 qu'un. Si 13 n'en remplit que 2, il faut 43 sous 64,107; 41 sous 68,109; 29 sous 74, 103; 11 sous 71, 82, 104; 37 sous 76, 113; puis 31 ne peut remplir qu'un vide. Exclu. Si 13 remplit 3 vides, il est sous 68, 94, 107; alors 43 et 41 ne peuvent remplir qu'un vide chacun. Exclu.

[65,116]. 23 vides. 11 n'en peut remplir que 3; 47 qu'un. Si 41 n'en remplit qu'un, il faut 43 sous 73, 116; 13 sous 68, 94, 107; 11 sous 71, 82, 104; 37 sous 76, 113; puis 31 ne peut remplir qu'un vide. Exclu.

Reste à examiner 41 sous 68, 109; alors, 13 ne peut remplir que 2 vides; il faut 43 sous 73, 116; 11 sous 71, 82, 104; 37 sous 76, 113; puis 31 ne peut remplir qu'un vide. Exclu.

[69, 120]. 22 vides. 11 n'en peut remplir que 3; 41 qu'un. Supposons d'abord que 13 remplisse 3 vides, il est sous 79, 92, 118; 47 ne peut remplir qu'un vide et le total est abaissé à 23. On ne peut se borner à remplir 2 vides avec 11, car il faudrait 43 sous 73, 116; 37 sous 76, 113; puis 31 ne pourrait remplir qu'un vide. Ainsi 11 doit remplir 3 vides, ce qui est possible de 2 manières :

1°. 11 sous 83,94,116; alors 43 ne peut remplir qu'un vide, et il faut 37 sous 76, 113; 31 sous 73, 104; 29 sous 74,103; 23 sous 86, 109; 17 sous 71, 88 et 19 sous 82,101, ou bien 17 sous 89, 106, ce qui permet de placer ensuite 19 sous 82,101 ou sous 88, 107. On a ainsi 3 arrangements des 16 diviseurs qui donnent 52 termes sans vide après qu'on a rempli les 4 qui restent par 41, 43, 47, 53 ou d'autres nombres premiers.

2°. 11 sous 71, 82, 104. On ne peut se borner à remplir 1 vide avec 43, car il faudrait mettre 37 sous 76,113 et 31 ne pourrait remplir qu'un vide, ce qui abaisserait le total à 21. 43 doit donc être sous 73, 116. Si 37 ne remplit qu'un vide, il faut 31 sous 76, 107; 29 sous 74, 103; 19 sous 94, 113; 17 sous 89, 106; 23 sous 86, 109. Aucune incompatibilité ne se manifeste. Si 37 remplit 2 vides, il est sous 76, 113; alors 31 n'en remplit qu'un; il faut 29 sous 74, 103; 19 sous 88,107; 17 sous 89, 106; 23 sous 86,109, et on a en tout 5 arrangements qui conduisent à 52 termes sans vide.

Jusqu'ici nous avons supposé 3 vides remplis par le diviseur 13; il faut maintenant supposer qu'il en remplit 1 seul ou 2. Si 13 ne remplit qu'un vide, le total est abaissé à 22; il faut 43 sous 73, 116; 37 sous 76, 113; puis 31 ne peut remplir qu'un vide. Exclu. Si 13 remplit 2 vides, 47 doit être sous 71, 118; car s'il ne remplissait qu'un vide, il faudrait 43 sous 73, 116; 37 sous 76, 113, puis 31 ne pourrait remplir qu'un vide, ce qui abaisserait le total à 21. 47 étant sous 71, 118, il se présente deux cas : ou 43 est sous 73, 116 ou il ne remplit qu'un vide. Dans le premier cas, 11 ne peut remplir que 2 vides; il faut 37 sous 76, 113; puis 31 ne peut remplir qu'un vide. Exclu. Dans le second cas, le total étant abaissé à 22, 11 ne peut plus être que sous 83, 94, 116, et on est conduit à un arrangement déjà trouvé dans lequel 13 remplit 3 vides et non 2.

[72, 123]. 23 vides. 11 n'en peut remplir que 3 et 41 qu'un. Supposons d'abord que 13 ne remplisse que 2 vides; le total est abaissé à 23; il faut 47 sous 74, 121; 11 sous 83, 94, 116; 43 sous 79, 122; 37 sous 76, 113; 31 sous 73, 104; 29 sous 89, 118; 23 sous 86, 109; puis 17 ne peut remplir qu'un vide. Exclu. Admettons maintenant que 13 remplisse 3 vides, ce qui est possible de deux manières :

1° Sous 79, 92, 118; alors 47 et 29 ne peuvent remplir que 3 vides; il faut 11 sous 83, 94, 116; puis 43 ne peut remplir qu'un vide. Exclu.

2° Sous 83, 109, 122; 47 et 11 ne peuvent remplir que 4 vides; il faut 43 sous 73, 116; 37 sous 76, 113; puis 31 ne peut remplir qu'un vide. Exclu.

[75, 126]. 22 vides. 47 n'en peut remplir qu'un ; 43 et 13 que 4 ; 41 et 11 que 4 dont 1 est sous 83 ; le total est abaissé à 22. 37 ne peut être sous 76, 113, parce que 31 ne pourrait remplir 2 vides ; il le faut sous 79, 116 ; puis 43 et 13 ne peuvent plus remplir 4 vides. Exclu.

[77, 128]. 23 vides. 47 n'en peut remplir qu'un ; 43 et 37, que 3 au plus dont 1 sous 79. Si 11 est sous 83, 94, 116, 127 ; 41 ne peut remplir qu'un vide et 13 que 2. Exclu. Si 11 n'est pas sous 83, 94, 116, 127, il ne peut remplir que 2 vides. Exclu.

Conclusion. Il n'existe qu'une seule manière de ranger les diviseurs 3, 5, 7 pour avoir 52 termes sans vide, et l'on en trouve un exemple dans les nombres entiers du groupe [69, 120]. Il existe ensuite 5 manières de disposer les autres diviseurs entrant au moins deux fois d'une manière efficace et, de plus, les arrangements inverses que nous avons exclus de la recherche, parce qu'ils sont connus par contre-coup.

23. $K = 16$. Quand on emploie 16 diviseurs le maximum est 58, au lieu de 52 que Legendre admettait ; je vais prouver qu'un groupe de 59 termes consécutifs sans vide est impossible, et aussi qu'il existe des groupes de 58 termes.

On a ici $Q - \dfrac{P + n - 2}{2} = 24$; le premier groupe à examiner est [24, 82], et le dernier [76, 134]. 59 ne peut diviser plusieurs termes ; nous supposerons aussi que 53 n'en divise qu'un seul, car, s'il en divisait 2, il y aurait entre eux 52 termes consécutifs sans vide avec emploi de 15 diviseurs, ce qui n'est possible que de cinq manières trouvées dans le paragraphe précédent et qui toutes donnent 2 vides avant et 2 vides après le groupe ; 53 divisant 2 termes ne fournirait donc au plus que 54 termes consécutifs sans vide et non 59. 17, 19, 23, 29, 31, 37, 41, 43, 47 ne peuvent, en général, remplir plus de 2 vides chacun ; 11 et 13 plus de 3 chacun, et le total est 26. Toutefois, il peut arriver exceptionnellement, et j'aurai soin d'en tenir compte, que 17 remplisse 3 vides, ainsi que 19, et que 11 en remplisse 4, ainsi que 13.

[24, 82]. 27 vides. Exclu, puisque le total est 26.

[27, 85]. 27 vides. Exclu.

[30, 88]. 28 vides. 17 peut en remplir 3 sous 37, 71, 88; 13, 4 sous 34, 47, 73, 86; 11, 4 sous 31, 53, 64, 86 (86 étant commun, 11 et 13 ensemble ne peuvent remplir que 7 vides). Le total est élevé à 28; tout ce qui paraît possible est nécessaire, il faut placer 17 sous 37, 71, 88; 43 sous 31, 74; 31 sous 52, 83; ensuite 37 ne peut remplir qu'un vide. Exclu.

[33, 91]. 27 vides. 13 peut en remplir 4 comme précédemment; 17 et 47 n'en peuvent remplir que 4. Le total est 27; il faut que 13 soit sous 34, 47, 73, 86; 43 sous 46, 89; 37 sous 37, 74; 31 sous 52, 83; 11 sous 38, 71, 82; puis 41 ne peut remplir 2 vides. Exclu.

[35, 93]. 27 vides. 17 peut en remplir 3; le total est 27. Il faut 47 sous 41, 88; puis 17 ne peut remplir que 2 vides. Exclu.

[38, 96]. 27 vides. Il faut que 17 en remplisse 3 sous 41, 58, 92, et que 47 soit sous 47, 94; ensuite 13 ne peut remplir que 2 vides. Exclu.

[42, 100]. 26 vides. 11 peut en remplir 4 sous 53, 64, 86, 97, et cela est nécessaire, parce que 47 et 41 n'en peuvent remplir que 3, ce qui maintient le total à 26. 43 doit être sous 46, 89; puis 37 ne peut remplir 2 vides. Exclu.

[44, 102]. 26 vides. 19 peut en remplir 3; et 11, 4; mais 47 et 41 n'en peuvent remplir que 3; le total est 27.

1° Si 19 est sous 44, 82, 101; 43 et 37 ne peuvent remplir que 3 vides; il faut que 11 en remplisse 4 sous 53, 64, 86, 97; puis 13 n'en peut remplir que 3. Exclu.

2° Si 19 ne remplit que 2 vides, il faut 11 sous 46, 68, 79, 101; 13 sous 47, 73, 86; puis 43 ne peut remplir qu'un vide. Exclu. Ou bien 11 sous 53, 64, 86, 97; 13

sous 62, 88, 101; puis 43 et 37 ne peuvent remplir que 3 vides. Exclu.

[45, 103]. 26 vides. 17 peut en remplir 3; et 11 peut en remplir 4; le total est élevé à 28. Nous allons examiner successivement les divers cas possibles :

1°. 17 est sous 52, 86, 103; alors 47 et 41 ne peuvent remplir que 3 vides. Si 11 en remplit 4, il est sous 46, 68, 79, 101; 43 ne peut en remplir qu'un et il en est de même de 37. Exclu. Si 11 n'en remplit que 3, le total est abaissé à 26; il faut 31 sous 61, 92 (car s'il était sous 58, 89, on ne pourrait remplir qu'un vide avec 43); ensuite 43 doit être sous 46, 89, parce que sous 58, 101 il ne permettrait plus à 13 de remplir 3 vides; puis il faut 37 sous 64, 101, après quoi 11 ne peut remplir que 2 vides. Exclu.

2°. 17 ne remplit que 2 vides, et 11 est sous 53, 64, 86, 97. Si 13 en remplit 3, il est sous 62, 88, 101; 43 et 37 ne peuvent remplir que 3 vides, et 41 qu'un seul. Exclu. Si 13 ne remplit que 2 vides, il faut 47 sous 47, 94; 41 sous 62, 103; 29 sous 59, 88; ensuite 43 sous 46, 89 est exclu, parce qu'il ne permet pas à 37 de remplir 2 vides, et 43 sous 58, 101 est exclu aussi, parce qu'en l'admettant il arrive que 17 ne peut plus remplir qu'un seul vide.

3°. 17 ne remplit que 2 vides, et 11 est sous 46, 68, 79, 101. Alors 43 ne peut remplir qu'un vide; le total est abaissé à 26, et il faut 47 sous 47, 94; 41 sous 62, 103; 37 sous 52, 89; 13 sous 58, 71, 97; 31 sous 61, 92; 17 sous 59, 76; puis 23 ne peut remplir qu'un vide. Exclu.

4°. 17 ne remplit que 2 vides, et 11 que 3. Il faut 47 sous 47, 94; 41 sous 62, 103. Si 13 est sous 58, 71, 97; 43 ne peut être que sous 46, 89; 37 sous 64, 101; puis 11 ne peut plus remplir 3 vides. Exclu. Il est donc nécessaire que 13 soit sous 53, 79, 92; 11 doit être sous 64, 86, 97 (car sous 46, 68, 101, il ne permettrait plus à 43 de remplir 2 vides); il faut, en outre, 29 sous 59, 88; puis 23 ne peut remplir qu'un vide. Exclu.

Les vides ne pouvant être tous remplis quand 17 est supposé en remplir 2 qui ne sont pas *désignés ;* cela est impossible *a fortiori* si l'on suppose que 17 n'en remplit qu'un.

Les groupes qui se présentent à examiner maintenant sont [47, 105] et [48, 106]; ils contiennent 26 vides chacun, dont 25 leur sont communs et appartiennent en même temps au groupe [48, 105] qu'il suffit de considérer à la place des deux précédents.

[48, 105]. 25 vides. 47 n'en peut remplir qu'un; 11 n'en peut remplir 4 que sous 53, 64, 86, 97; et 17 n'en peut remplir 3 que sous 52, 86, 103. Le total est 26, parce que 86 étant commun, 11 et 17 remplissent au plus 6 vides. Examinons successivement les divers cas possibles:

1°. 11 et 13 peuvent remplir 7 vides sous 53, 64, 86, 97 et 62, 88, 101; alors 17 n'en remplit que 2 au plus; 41 qu'un; il faut 43 sous 61, 104; 37 sous 52, 89; puis 31 ne peut remplir qu'un vide. Exclu.

2°. 11 et 13 ne remplissent que 5 vides. Il faut 17 sous 52, 86, 103; 41 sous 53, 94; 43 sous 61, 104 (car sous 58, 101 il ne permet plus à 13 de remplir 3 vides, et exige 11 sous 71, 82, 104, après quoi 37 cesse de pouvoir remplir 2 vides); ensuite 37 doit être sous 64, 101; 11 ne peut remplir que 2 vides, ce qui exige que 13 en remplisse 3 sous 58, 71, 97; enfin 31 n'en peut remplir qu'un. Exclu.

3°. 11 et 13 remplissent 6 vides, et 17 est sous 52, 86, 103; 13 doit remplir 3 vides; ce qui est possible de 3 manières :

Si 13 est sous 58, 71, 97; 43 et 31 ne peuvent remplir plus de 3 vides; il faut 41 sous 53, 94; 11 sous 68, 79, 101; 37 sous 67, 104; 29 sous 59, 88; puis 23 ne peut remplir qu'un vide. Exclu.

Si 13 est sous 62, 88, 101; 43 et 37 ne peuvent remplir que 3 vides, dont un est sous 104; il faut 41 sous 53, 94; puis 11 ne peut remplir que 2 vides. Exclu.

Si 13 est sous 53, 79, 92; 41 ne peut remplir qu'un vide;

il faut 11 sous 61, 83, 94 (car sous 71, 82, 104 il exige 43 sous 58, 101, et ne permet plus à 37 de remplir 2 vides); ensuite 43 doit être mis sous 58, 101; 37 sous 67, 104; puis 31 ne peut remplir qu'un vide. Exclu.

4° 11 et 13 remplissent 6 vides; il faut que 17, qui n'est pas sous 52, 86, 103, en remplisse 2, et que tout ce qui paraît possible ait lieu, car le total est 25.

Si 43 est sous 61, 104, et 41 sous 62, 103, il faut 37 sous 64, 101 (car sous 52, 89 il ne permet pas à 31 de remplir 2 vides); 11 sous 53, 86, 97; puis 13 ne peut plus remplir 3 vides. Exclu.

Si 43 est sous 61, 104, et 41 sous 53, 94 (37 ne peut être sous 52, 89, parce que 31 ne pourrait remplir 2 vides); il faut 37 sous 64, 101; 11 sous 59, 92, 103; 13 sous 58, 71, 97; après quoi 29 ne peut remplir qu'un vide. Exclu.

Ainsi, on voit que 43 ne peut être placé ailleurs que sous 58, 101.

Si 13 ne remplit que 2 vides, il faut que 11 en remplisse 4 sous 53, 64, 86, 97; que 41 soit sous 62, 103; 29 sous 59, 88; 23 sous 71, 94; 19 sous 73, 92; puis 17 ne peut remplir qu'un vide. Exclu.

Si 13 remplit 3 vides, il est sous 53, 79, 92; alors 41 doit être sous 62, 103. 11 ne peut être sous 71, 82, 104, parce que 37 et 31 ne pourraient remplir que 3 vides; ce diviseur doit être sous 61, 83, 94, et il faut mettre 31 sous 73, 104; 37 sous 52, 89; 29 sous 68, 97 (car sous 59, 88 il ne permettrait pas à 17 de remplir 2 vides); 23 doit être sous 59, 82; 19 sous 67, 86; et 17 sous 71, 88. On a ainsi le seul arrangement des diviseurs qui puisse conduire à 58 termes consécutifs sans vide, quand les diviseurs 3, 5, 7 sont placés comme dans la suite naturelle des nombres entiers de 48 à 105. Cet arrangement laissant vides 47 et 106, les groupes [47, 105] et [48, 106] sont exclus tous deux à la fois.

[54, 112]. 26 vides. Si 17 n'en remplit que 2, il faut 47

sous 59, 106 (car sous 62, 109 il ne permet pas à 41 de remplir 2 vides); ensuite 41 peut être sous 62, 103; 29 sous 68, 97; après quoi 13 ne peut remplir 3 vides. 41 ne peut plus être que sous 68, 109, ce qui exige 29 sous 74, 103; 13 doit être sous 62, 88, 101 (car sous 58, 71, 97 il exigerait 23 sous 61, 107, et 43 ne pourrait remplir qu'un vide); 37 sous 67, 104; 43 sous 64, 107; 23 sous 71, 94; après quoi 11 ne peut remplir que 2 vides. Exclus.

Le diviseur 17 doit donc être sous 58, 92, 109 Il faut que 13 remplisse 3 vides, car, s'il n'en remplit que 2, cela exige 47 sous 59, 106; 41 sous 62, 103; 29 sous 68, 97; puis on ne peut mettre 43 sous 61, 104, parce qu'il ne permet plus à 11 de remplir 3 vides; ni sous 64, 107, car cela force à placer 37 sous 67, 104, et 31 ne peut plus remplir 2 vides. 13 peut remplir 3 vides de deux manières :

1°. 13 sous 62, 88, 101; 41 ne peut remplir qu'un vide; il faut 47 sous 59, 106; 37 sous 67, 104; 43 sous 64, 107 ; après quoi 31 ne peut remplir qu'un vide. Exclu.

2° 13 sous 68, 94, 107; 43 et 31 ne peuvent remplir que 3 vides dont 1 sous 104; il faut 47 sous 59, 106; 41 sous 62, 103; puis 29 ne peut remplir qu'un vide. Exclu.

[60, 117]. 26 vides. 11 ne peut remplir 4 vides que sous 61, 83, 94, 116; 13 n'en peut remplir 3 en même temps que sous 62, 88, 101; alors 17 n'en remplit que 2 et 47 qu'un; le total est 26; il faut 43 sous 64, 107; 41 sous 68, 109; 29 sous 74, 103; 23 sous 67, 113, puis 37 ne peut remplir qu'un vide; ce cas est exclu et il faut supposer que 11 et 13 remplissent 6 ou 5 vides. Si 17 en remplit 3 sous 62, 79, 113, 47 n'en peut remplir qu'un; il faut 41 sous 68, 109; 29 sous 74, 103; 13 n'en peut remplir que 2, et 11 qui n'est pas sous 61, 83, 94, 116, que 3. Exclu.

Si 17 ne remplit que 2 vides, il faut 47 sous 62, 109, car le total est 26; puis 41 ne peut remplir qu'un vide. Exclu.

Les deux groupes [59, 117] et [60, 118] contenant les 26 vides que l'on vient de voir impossibles à remplir sont exclus.

[63, 120]. 25 vides. Étudions maintenant le groupe de 58 termes [63, 120] qui renferme 25 vides communs à [62, 120] et [63, 121], nous verrons qu'on peut remplir ces vides de plusieurs manières, qui toutes laissent subsister des vides sous 62 et 121, ce qui exclut les groupes cités et dispense de les considérer séparément en même temps que cela montre de nouveau la possibilité d'obtenir 58 termes sans vide. Ces discussions étant fort longues, j'ai mieux aimé ne pas suivre un ordre complétement méthodique et uniforme·et profiter de certaines simplifications qu'un peu d'attention fait apercevoir.

Premier cas. 17 remplit 3 vides et est sous 67, 101, 118; 47 n'en remplit qu'un; le total est 26.

Si 13 est sous 68, 94, 107, 41 ne peut remplir qu'un vide; il faut 43 sous 73, 116; 29 sous 74, 103; 31 sous 82, 113, puis 37 ne peut remplir qu'un vide. Exclu.

Si 13 est sous 64, 103, 116, 43 ne peut remplir qu'un vide; il faut 41 sous 68, 109; puis 29 ne peut remplir qu'un vide. Exclu.

Si 13 ne remplit que 2 vides, il faut 41 sous 68, 109; 29 sous 74, 103; 43 sous 64, 107 (car sous 73, 116 il exige 37 sous 76, 113 et ne permet plus à 31 de remplir 2 vides); 23 doit être sous 83, 106, parce que sous 71, 94 il ne permet pas à 11 de remplir 3 vides; ensuite il faut 11 sous 71, 82, 104; enfin 31 ne peut plus remplir 2 vides. Exclu.

Il reste à considérer les cas où 17 remplit au plus 2 vides; pour que le total soit 25, il est nécessaire que 13 en remplisse au moins 2.

Second cas. 17 remplit 2 vides et 13 de même; il faut 47 sous 71, 118; 41 sous 68, 109; 29 sous 74, 103; 11 sous 64, 86, 97 (car sous 83, 94, 116 il exige 43 sous 64, 107;

23 sous 67, 113, ce qui ne permet plus à 37 de remplir 2 vides) ; 43 sous 73, 116 ; 37 sous 67, 104, parce que sous 76, 113, il s'opposerait à ce que 31 remplît 2 vides ; ensuite il faut placer 23 sous 83, 106 ; 17 sous 79, 113 ; 31 sous 76, 107 ; 19 sous 82, 101 ; puis 13 ne peut remplir qu'un vide. Exclu.

Troisième cas. 17 remplit au plus 2 vides et 13 est sous 68, 94, 107 ; 41 n'en peut remplir qu'un. Le total est 25 et il faut 47 sous 71, 118 ; 43 sous 73, 116 ; 31 sous 82, 113 ; 29 sous 74, 103 ; 11 sous 64, 86, 97, puis 19 ne peut remplir qu'un vide. Exclu.

Quatrième cas. 17 remplit 2 vides au plus et 13 est sous 64, 103, 116 ; alors 43 n'en remplit qu'un ; il faut 47 sous 71, 118 ; 41 sous 68, 109 ; puis 11 ne peut remplir que 2 vides. Exclu.

Cinquième cas. 17 remplit 2 vides au plus et 13 est sous 79, 92, 118 ; 47 n'en remplit qu'un. Il faut 41 sous 68, 109 ; 29 sous 74, 103 ; il faut que 11 remplisse 3 vides, ce qui est possible de 3 manières :

1°. 11 sous 71, 82, 104 ; alors 31 doit être sous 76, 107 ; 37 sous 64, 101 ; 17 sous 89, 106 ; 43 sous 73, 116 ; 23 sous 67, 113, puis 19 ne peut remplir qu'un vide. Exclu.

2°. 11 sous 83, 94, 116 ; il faut 43 sous 64, 107 ; 23 sous 67, 113, puis 37 ne peut remplir 2 vides. Exclu.

3°. 11 ne peut plus être que sous 64, 86, 97 ; ensuite il faut 43 sous 73, 116 ; 37 sous 67, 104, parce que sous 76, 113 il s'oppose à ce que 31 remplisse 2 vides.

31 peut être placé sous 82, 113 ; cela exige que 19 soit sous 88, 107 ; 17 sous 89, 106 et 23 sous 71, 94 En mettant ensuite sous 76, 83, 101 les diviseurs 47, 53, 59 ou 3 autres nombres premiers, on a un nouvel exemple de 58 termes consécutifs sans vide avec emploi de 16 diviseurs.

31 peut aussi être placé sous 76, 107 ; si l'on met ensuite 23 sous 71, 94, cela exige 19 sous 82, 101 ; 17 sous 89, 106.

Si l'on place 23 sous 83, 106, les seules manières de remplir 4 vides avec 17 et 19 sont de placer 17 sous 71, 88 et 19 sous 94, 113 ou 82, 101.

On a ainsi en tout 4 arrangements des diviseurs conduisant (4) à des groupes de 58 termes sans vides, et dans lesquels 3, 5, 7 sont placés comme dans la suite naturelle des nombres de 63 à 120.

[65, 123]. 26 vides dont 3 peuvent être remplis par 17 ; le total est 27. Si 41 ne remplit qu'un vide, il faut 47 sous 74, 121 (car sous 71, 118 il s'oppose à ce que 17 remplisse 3 vides) ; 43 doit être sous 73, 116 (car sous 79, 122 il exige 17 sous 67, 101, 118 ; 29 sous 68, 97 ; après quoi 13 ne peut remplir 3 vides) ; puis il faut mettre 37 sous 67, 104, parce que sous 76, 113 il ne permet pas à 31 de remplir 2 vides ; 17 doit être sous 71, 88, 122 ; 11 sous 68, 79, 101 ; ensuite 13 ne peut remplir que 2 vides. Exclu.

Second cas. Puisqu'il faut que 41 remplisse 2 vides, il est sous 68, 109 ; 13 peut remplir 2 vides ou être sous 79, 92, 118.

1°. 13 ne remplit que 2 vides ; il faut 17 sous 71, 88, 122 (car sous 67, 101, 118 il exige 47 sous 74, 121 ; après quoi 29 ne peut remplir qu'un vide) ; 47 doit être sous 74, 121 ; 43 sous 73, 116 ; puis 11 ne peut remplir que 2 vides. Exclu.

2°. 13 est sous 79, 92, 118 ; 29 et 47 ne peuvent remplir que 3 vides, dont un sous 74 ; il faut 43 sous 73, 116 ; 17 sous 71, 88, 122 ; puis 11 ne peut remplir que 2 vides. Exclu.

[68, 126]. 26 vides, dont 3 peuvent être remplis par 17.

Premier cas. Si 17 ne remplit que 2 vides, le total est 26 ; il faut 43 sous 79, 122 (car sous 73, 116 il exige 37 sous 67, 113, et s'oppose à ce que 31 remplisse 2 vides) ; 13 doit être sous 68, 94, 107 ; 31 sous 73, 104 ; puis 11 ne peut remplir que 2 vides. Exclu.

Second cas. 17 est sous 71, 88, 122; 43, 37 et 31 ne peuvent remplir 6 vides, parce que cela exige 43 sous 73, 116; 37 sous 76, 113; après quoi 31 ne peut remplir qu'un vide. Il faut 47 sous 74, 121; 11 sous 83, 94, 116 (car sous 68, 79, 101 il exige 29 sous 89, 118, et 13 ne peut remplir 3 vides); ensuite 13 doit être mis sous 79. 92, 118; 29 sous 68, 97; puis 41 ne peut remplir 2 vides. Exclu.

Troisième cas. 17 sous 73, 107, 124. 43, 37 et 31 ne peuvent remplir 6 vides, car cela exige 43 sous 79, 122; 37 sous 76, 113, après quoi 31 ne peut remplir qu'un vide. Il faut 41 sous 68, 109; 13 sous 79, 92, 118; alors 43 ne peut remplir qu'un vide; 37 doit être sous 76, 113, et 31 ne peut remplir qu'un vide. Exclu.

[69, 127]. 26 vides. *Premier cas.* 11 sous 83, 94, 116, 127. 41 ne peut remplir qu'un vide; si 13 n'en remplit que 2, le total est 26; il faut 43 sous 79, 122; 37 sous 76, 113; 31 sous 73, 104; puis 17 ne peut remplir 3 vides. Exclu. Si 13 remplit 3 vides il est sous 79, 92, 118; 43 n'en peut remplir qu'un; il faut 47 sous 74, 121; 37 sous 76, 113; 31 sous 73, 104; puis 29 ne peut remplir 2 vides. Exclu.

Second cas. 11 remplit au plus 3 vides, et n'est pas sous 83, 94, 116, 127.

1°. Si 43 est sous 73, 116, 37 et 31 ne peuvent remplir 4 vides; il faut 17 sous 71, 88, 122; 13 sous 79, 92, 118; puis 11 ne peut remplir 3 vides. Exclu.

2°. Si 43 est sous 79, 122, et 17 sous 73, 107, 124; 37 et 31 ne peuvent remplir 4 vides; il faut 41 sous 86, 127; puis 13 ne peut remplir 3 vides. Exclu.

3°. Si 43 est sous 79, 122, et si 17 ne remplit que 2 vides, il faut 13 sous 88, 101, 127; 41 sous 83, 124; 37 sous 76, 113; 31 sous 73, 104; 11 sous 74, 107, 118; puis 47 ne peut remplir qu'un vide. Exclu.

4°. Si 43 ne remplit qu'un vide, il faut 17 sous 73, 107, 124 (car sous 71, 88, 122 il exige 47 sous 74, 121; 13

sous 79, 92, 118 ; puis 29 ne peut remplir qu'un vide) ; 41 doit être sous 86, 127 ; 31 sous 82, 113 ; 37 sous 79, 116 ; puis 11 ne peut remplir 3 vides. Exclu.

[72, 130]. 26 vides. *Premier cas.* 11 remplit 4 vides sous 83, 94, 116, 127 ; 41 n'en peut remplir qu'un ; 43, 37 et 13 n'en peuvent remplir 7, car cela exige 43 sous 79, 122 ; 37 sous 76, 113 ; après quoi 13 ne peut remplir 3 vides. Pour que le total ne soit pas abaissé à 25, il faut 17 sous 73, 107, 124 ; 47 sous 74, 121 ; 29 sous 89, 118 ; ensuite 13 ne pouvant remplir 3 vides, il devient nécessaire que 43 soit sous 79, 122 ; 37 sous 76, 113 ; 31 sous 97, 128 ; 23 sous 86, 109 ; 19 sous 82, 101 ; puis 13 ne peut remplir 2 vides. Exclu. Désormais il faudra supposer que 11 n'est pas sous 83, 94, 116, 127, et remplit au plus 3 vides.

Second cas. 17 est sous 73, 107, 124. 11 ne peut remplir que 2 vides ; il faut 43 sous 79, 122 ; 41 sous 86, 127 ; 37 sous 76, 113 ; après quoi 13 ne peut remplir 3 vides. Exclu.

Troisième cas. 17 ne remplit que 2 vides ; il faut 11 sous 73, 106, 128 (car sous 74, 107, 118 il s'oppose à ce que 47 remplisse 2 vides) ; ensuite 43 doit être sous 79, 122 ; 37 sous 76, 113 ; puis 31 ne peut remplir qu'un vide. Exclu.

[75, 133]. 25 vides, dont 2 seulement peuvent être remplis par 17 et 1 par 47. 11 et 13 doivent en remplir 6 au moins.

Premier cas. 13 sous 79, 92, 118, 131 ; 43 ne peut remplir qu'un vide, et 29 de même ; il faut que 11 en remplisse 4 sous 83, 94, 116, 127 ; après quoi 41 n'en peut remplir qu'un. Exclu. Désormais il faut supposer que 13 n'est pas sous 79, 92, 118, 131, et remplit au plus 3 vides.

Second cas. 11 sous 83, 94, 116, 127 ; 41 ne peut remplir qu'un vide ; le total est 25 ; il faut 37 sous 76, 113 ; puis 13 ne peut remplir 3 vides. Exclu.

Troisième cas. 11 et 13 remplissent 3 vides sans être dans les positions qui leur en font remplir 4 ; il faut 11

— 55 —

sous 76, 109, 131; 13 sous 88, 101, 127 ; 43 sous 79, 122 ;
41 sous 83, 124 ; puis 37 ne peut remplir qu'un vide.
-Exclu.

RÉCAPITULATION.

24. Dans ce qui précède, il est prouvé que le nombre
des diviseurs étant moindre que 13, la proposition n'est en
défaut que s'il est 8 ou 11.

A partir de 13, elle est démontrée fausse jusqu'à 16 inclusivement, et jusque-là les véritables valeurs des maximums sont complétement mises hors de doute. Plus loin,
de courts tâtonnements m'ont suffi pour trouver des arrangements de diviseurs qui la montrent en défaut. Sans faire
connaître les vraies valeurs des maximums qu'on pourrait
trouver au moyen de la troisième méthode, et dont ils peuvent bien n'être que des limites inférieures, ces arrangements suffisent pour prouver que la proposition s'écarte de
plus en plus de la vérité, puisque le maximum pour 24 diviseurs dépasse déjà d'au moins 6 unités celui que Legendre
admettait pour le cas où l'on emploie 30 diviseurs. Cette
remarque montre qu'il n'y a pas lieu à espérer rendre vraie
la proposition de Legendre par une légère modification
dans son énoncé. Voici deux des exemples trouvés de
la sorte :

$$5, \overset{3}{13}, 19, 53, 3, \overset{5}{7}, 17, \overset{3}{11}, 61, 23, \overset{3}{\underset{31}{5}}, 37, 7, 3, 13, 5, 3, 29, 11,$$

$$\overset{3}{7}, 5, 19, 3, 17, 47, \overset{3}{5}, 7, 13, 3, 11, 5, 3, 23, 7, 3, 5, 41, 3, 43, 59,$$

$$P_{19}, 31, 67, 3, 71, 5, 29, 7, 37, 3, 5, \overset{3}{11}, 3, 13, 7, \overset{3}{\underset{23}{5}}, 53, 17, 3, 19,$$

$$5, \overset{3}{7}, 11, 73, 3, 5, 13, 3, 7, 61, \overset{3}{5}, 47, 31, 11, \overset{3}{17}, \overset{5}{\underset{29}{7}}, 3, 41, \overset{19}{23},$$

$$\overset{3}{13}, 5, \overset{3}{43}, 7.$$

$$3, 7, 5, 3, 61, 13, 3, 5, 7, 3, 67, 23, \overset{3}{5}, 11, 47, 7, \overset{3}{73}, 5, 3, 19,$$

$$53, 3, 7, 17, 3, 79, 89, \overset{5}{5}, 31, 7, 3, 13, 5, 3, 23, 11, \overset{3}{7}, 5, 19, 3,$$

17, 59, $\overset{8}{5}$, 7, 13, 3, 11, 5, 3, 37, 7, 3, 5, 41, 3, 43, 71, P_{23}, 29,

31, 3, 47, 5, 3, 7, 61, 3, 5, 11, 3, 13, 7, $\overset{3}{5}$, 53, 17, 3, 19, 5, $\overset{3}{7}$,

11, 23, 3, 5, 13, 3, 7, 37, $\underset{29}{\overset{3}{5}}$, 83, 73, $\overset{8}{31}$, 17, $\overset{8}{7}$, 3, 41, 19, 3, 5,

$\overset{8}{43}$, 7, 59, 11, $\overset{8}{5}$, 23, 79, 3, 7, 5, $\underset{47}{\overset{3}{17}}$, 13, 97, 3, 11, 7, $\overset{3}{19}$, 89, 29, $\overset{8}{5}$.

Le premier prouve que, pour $K = 20$, le maximum est *au moins* 83, et montre que la proposition est en défaut jusqu'à $K = 24$. Le second prouve que, pour $K = 24$, le maximum est *au moins* 118, et peut servir avec une extrême facilité à montrer la proposition en défaut *beaucoup plus loin*, parce qu'à mesure qu'on avance, on dispose de nouveaux diviseurs.

Lorsque K a pour valeur 17, 18 ou 19, la proposition est pareillement en défaut, et, sans écrire de nouveaux arrangements qui le prouvent, on peut se borner à remarquer qu'il a été établi dans le paragraphe précédent que le groupe [63, 120] renfermant 58 termes peut ne présenter aucun vide quand on emploie 16 diviseurs; en plaçant 59 sous 62, 121, on a 60 termes sans vide avec emploi de 17 diviseurs. Si l'on met, en outre, 61 sous 61, 122, on obtient 64 termes sans vide avec emploi de 18 diviseurs; car 60 et 123 sont multiples de 3. En mettant un nouveau diviseur sous 124, on a 67 termes sans vide avec emploi de 19 diviseurs. Voici un arrangement qui, au lieu de 67 termes, en donne 74 :

7, $\underset{29}{\overset{8}{23}}$, 13, 5, 3, 61, 11, $\overset{3}{7}$, 5, 53, 17, 67, 59, $\underset{19}{\overset{8}{5}}$, 7, 13, 3, 11, 5, 3,

37, 7, 3, 5, 23, 3, 45, 17, P_{13}, 31, 29, 3, 19, 5, 3, 7, 41, 3, 5,

11, 3, 13, 7, $\overset{3}{5}$, 17, 47, 3, 23, 5, $\overset{3}{7}$, 11, 19, 3, 5, 13, $\overset{3}{11}$, 7, $\overset{3}{37}$, 5,

29, 31, $\underset{17}{\overset{8}{11}}$, 53, $\overset{5}{7}$, 3, 71, 61, $\overset{3}{13}$, 5, 43, $\underset{23}{\underset{19}{\overset{3}{7}}}$, 59, 11, 5.

TROISIÈME PARTIE.

THÉORÈMES DESTINÉS A REMPLACER LA PROPOSITION DE LEGENDRE ET CONSÉQUENCES.

25. *Nombre des vides dans un espace total.* Pour remplacer la proposition de Legendre, je vais démontrer divers théorèmes capables de conduire à certaines conséquences qui l'ont fait regarder comme importante; on verra qu'en considérant des moyennes et non plus des groupes particuliers, elle devient exacte et se trouve même bien au-dessous de la vérité.

Désignons par Q le nombre des vides contenus dans un espace complet renfermant P termes et soit g le plus grand facteur premier de $P = 3.5.7....g$; enfin appelons h et k les nombres premiers immédiatement supérieurs à g. A partir de o, qui est un centre impair dans la suite naturelle des nombres entiers, considérons Ph termes formant h espaces (1). En ne tenant pas compte du diviseur h, ils présentent Qh vides, dont Q se trouvent distribués sous ses multiples o, h, $2h$, $3h$,...,Ph, comme sous les nombres o, 1, 2, 3,...,P; l'adoption du nouveau diviseur h laisse donc subsister dans les Ph termes formant *un nouvel espace complet* $Q(h-1)$ vides, et il est établi que, pour passer du nombre des vides contenu dans un espace au nombre analogue pour le cas où l'on emploie un diviseur h de plus, il faut multiplier par $h-1$; ceci s'applique à des diviseurs quelconques, mais il est surtout utile ici de considérer les moindres nombres premiers, et c'est ce que je ferai désormais quand je n'avertirai pas du contraire.

Cela posé, quand le diviseur 3 est seul employé, un espace complet renferme 3 termes et $2 = 3-1$ vides. Pour $P = 3.5$, on a donc $Q = (3-1)(5-1)$; pour $P = 3.5.7$, on a $Q = (3 — 1)(5 — 1)(7 — 1)$; en général, pour $P = 3.5\ldots gh$, on a $Q = (3 — 1)(5 — 1)\ldots(g — 1)(h — 1)$.

26. *Sur la distance moyenne des nombres premiers avec* P *ou premiers absolus.* Le quotient $\dfrac{P}{Q} = \dfrac{3}{3 — 1} \cdot \dfrac{5}{5 — 1} \ldots \dfrac{g}{g — 1}$, qui croît sans cesse, indique le nombre *moyen* de termes qu'il faut prendre pour avoir un vide. Supposons ce quotient formé déjà très-loin et multiplions-le par

$$\frac{a}{a — 1} \cdot \frac{b}{b — 1} \ldots = \left(1 + \frac{1}{a — 1}\right)\left(1 + \frac{1}{b — 1}\right)\ldots$$

$$= 1 + \Sigma\frac{1}{a — 1} + \ldots > \Sigma\frac{1}{a — 1} > \Sigma\frac{1}{a},$$

$a, b,\ldots$ désignant dans la suite des nombres impairs ceux qui correspondent encore à des vides ou, ce qui est la même chose, ceux qui sont premiers avec P. Le résultat est infini; car, dans les P premiers termes de la suite, il existe Q vides correspondant tous à des nombres inférieurs à $2P$ et donnant Q quotients $\dfrac{1}{a}, \dfrac{1}{b},\ldots$, dont la somme est supérieure à $\dfrac{Q}{2P}$. Les sommes de quotients analogues, pris toujours P ensemble, surpassent $\dfrac{Q}{4P}, \dfrac{Q}{6P}\ldots$, de sorte que la somme définitive est plus grande que

$$\frac{Q}{2P}\left(1 + \frac{1}{2} + \frac{1}{3} + \frac{1}{4} + \ldots\right) = \infty.$$

On arriverait à cette conséquence, même en omettant dans chaque groupe de P termes une fraction déterminée, la moitié, par exemple, des nombres a, b, c,$\ldots$; cela est évident, puisque les limites inférieures $\dfrac{Q}{2P}, \dfrac{Q}{4P}, \dfrac{Q}{6P},\ldots$, seraient seulement réduites chacune de moitié.

De là résulte pour le quotient $\dfrac{P}{Q}$ l'impossibilité d'une limite fixe; car on peut supposer le calcul poussé assez loin pour que la valeur trouvée surpasse déjà la moitié de cette limite, de sorte qu'il reste à multiplier par $\dfrac{a}{a-1}$, $\dfrac{b}{b-1}$,..., en omettant une partie de ces facteurs moindres que la moitié et plus rapprochés les uns des autres au commencement, c'est-à-dire qu'il reste à multiplier par une quantité infinie et non par une quantité moindre que 2. On a donc limite de $\dfrac{P}{Q} = \infty$.

Ainsi la distance moyenne entre 2 vides consécutifs tend vers l'infini et *a fortiori* la distance moyenne entre deux nombres premiers consécutifs.

27. *Réponse à une objection.* Un auteur distingué a écrit par inadvertance, il y a quelques années, que la suite des nombres impairs divisée par la suite des nombres pairs tend vers une limite finie $\sqrt{\dfrac{2}{\pi}}$; cela est en contradiction avec ce qui précède, car le quotient $\dfrac{3}{2} \cdot \dfrac{5}{4} \cdot \dfrac{7}{6} \cdot \dfrac{9}{8} \ldots$ n'est autre chose que $\dfrac{P}{Q}$ multiplié par des facteurs tous supérieurs à l'unité. C'est là une erreur dont la cause est facile à découvrir.

Wallis a bien établi qu'on a

$$\frac{2}{\pi} = \frac{1}{2} \cdot \frac{3}{2} \cdot \frac{3}{4} \cdot \frac{5}{4} \cdot \frac{5}{6} \cdot \frac{7}{6} \ldots$$

Mais, quelque part qu'on s'arrête, il n'est jamais permis d'extraire les racines, parce qu'il y a toujours un facteur qui manque au numérateur ou bien au dénominateur. Soit n le dernier facteur existant une fois seulement au numérateur ; multiplions les deux membres par n et extrayons les racines, il vient

$$\frac{3}{2} \cdot \frac{5}{4} \cdot \frac{7}{6} \cdot \frac{9}{8} \cdots \frac{1}{n-1} = \sqrt{\frac{2}{\pi}} \cdot \sqrt{n},$$

et on voit qu'en rendant ainsi les deux termes de la fraction des carrés parfaits, il est facile de tirer du théorème de Wallis que la suite des nombres impairs, divisée par la suite des nombres pairs, tend vers l'infini, ce qu'on peut d'ailleurs démontrer plus simplement en remarquant qu'on a

$$\frac{3}{2} \cdot \frac{5}{4} \cdots = \left(1 + \frac{1}{2}\right)\left(1 + \frac{1}{4}\right) \cdots = 1 + \frac{1}{2}\left(1 + \frac{1}{2} + \frac{1}{3} + \cdots\right) + \cdots = \infty.$$

28. *Nombre moyen des vides dans h termes.* $\dfrac{P}{Q}$ exprime pour un espace total le rapport du nombre des vides au nombre des termes ou la richesse en vides ; elle tend vers o, et il en est de même *a fortiori* de la richesse de la série des impairs en nombres premiers. Le nombre moyen des vides contenus dans h termes est $\dfrac{P}{Q} h$; g étant le dernier facteur de **P**, $g - 1$ le·dernier facteur de Q et h le nombre premier immédiatement supérieur à g. Il tend vers ∞, car on peut le mettre sous la forme

$$\frac{h}{g} \cdot \frac{g-1}{f} \cdots \frac{5-1}{3} \cdot \frac{3-1}{1} > \frac{g+1}{g} \cdot \frac{f+1}{f} \cdots > \Sigma \frac{1}{g},$$

et l'on a vu que $\Sigma \dfrac{1}{g}$ tend vers l'infini.

La proposition de Legendre consiste en ce que h termes consécutifs renferment au moins 1 vide après l'emploi de deux diviseurs non facteurs de P ou, ce qui équivaut, puisque les nouveaux diviseurs ne peuvent remplir que 2 vides, h termes consécutifs renferment au moins 3 vides

quand on emploie pour diviseurs les facteurs premiers de
P seulement. On a vu dans la seconde partie qu'elle est
inexacte quand on veut la donner comme applicable à tout
groupe de h termes; mais lorsqu'il s'agit de moyennes, le
nombre de vides contenus dans h termes consécutifs est :

$$3\tfrac{1}{3}; \quad 3\tfrac{11}{15}; \quad 5\tfrac{3}{105}; \quad 5\tfrac{465}{1155}; \ldots, \text{ quand P a pour valeurs}$$

$$3; \quad 15; \quad 105; \quad 1155; \ldots, \text{ et contient}$$

$$1; \quad 2; \quad 3; \quad 4; \ldots, \text{ facteurs premiers.}$$

Lorsque P contient 199 facteurs, le nombre dont il s'agit
s'élève déjà à plus de 193., chiffre très-supérieur à 3, qui
tend d'ailleurs vers l'infini comme cela vient d'être prouvé
et montre combien la proposition de Legendre est au-
dessous de la vérité lorsqu'il s'agit de moyennes. Son
énoncé peut être modifié ainsi :

Soit donnée une progression arithmétique quelconque

$$\mathrm{A} - \mathrm{C}, \quad 2\mathrm{A} - \mathrm{C}, \quad 3\mathrm{A} - \mathrm{C}, \ldots,$$

dans laquelle A *et* C *sont premiers entre eux; soit donnée
aussi une suite* $\theta, \lambda, \mu, \ldots, \psi, \omega$ *composée de* k *nombres premiers
impairs pris à volonté et disposés dans un ordre quelconque;
si l'on appelle en général* $\pi^{(z)}$ *le* $z^{i\grave{e}me}$ *terme de la suite naturelle des nombres premiers* 3, 5, 7, 11, ..., *le nombre moyen
des termes premiers avec* $0, \lambda, \mu, \ldots, \psi, \omega$ *contenus dans* $\pi^{(k-1)}$
termes consécutifs de la progression est $\dfrac{Q\pi^{(k-1)}}{P} - 2$ *quand*
$\theta, \lambda, \mu, \ldots, \psi, \omega$ *sont les moindres nombres premiers; dans tout
autre cas, il surpasse ce quotient, qui d'ailleurs est toujours
plus grand que l'unité et tend vers l'infini.*

29. *La suite des nombres premiers est infinie.* Legendre,
pour montrer l'importance de sa proposition, en déduit
comme conséquence (page 77, tome II) que la suite des
nombres premiers est illimitée; cette vérité résulte très-

simplement de ce qui précède, car le premier des $\dfrac{Q}{2} - 1$ vides que renferme la série des impairs de 1 exclusivement à P correspond à un nombre premier qui conduit à une nouvelle valeur de P et force à admettre l'existence d'un nouveau nombre premier et ainsi de suite sans limite, puisqu'il existe toujours des vides dont on sait même calculer le nombre. Indépendamment de la considération des progressions, il existe une démonstration très-simple et bien connue qu'on peut améliorer. Soit $2P$ le produit de tous les nombres premiers déjà connus, A et B deux nombres premiers entre eux dans lesquels entrent tous les facteurs premiers de $2P$ à des puissances quelconques, $A + B$ et $A - B$ sont évidemment premiers avec $2P$ et sont, en exceptant le cas où $A - B = 1$, des nombres premiers ou des produits de nombres premiers supérieurs à tous ceux qui entrent comme facteurs dans P. Lorsque dans A et B il n'entre aucun facteur élevé à une puissance supérieure à l'unité, on a $AB = 2P$, et si $B = 1$, $A + B$ devient $2P + 1$ et on retombe sur la démonstration usitée qui, modifiée comme on vient de le voir, donne une limite moins exagérée et au-dessous de laquelle il existe au moins un nouveau nombre premier. On obtient même, du moins au commencement de la série, les vraies valeurs des nombres premiers successifs :

$$2 + 1 = 3; \quad 2 + 3 = 5; \quad 5.2 - 3 = 7; \quad 5.7 - 2^3.3 = 11;$$
$$5.11 - 2.3.7 = 13;\ldots$$

30. *Nombres des vides assemblés d'une manière définie.* 3 vides ne peuvent jamais être contigus, puisque, sur 3 termes consécutifs, il se trouve un multiple de 3. Soit R le nombre de groupes de 2 vides contigus renfermés dans un espace complet, le dernier facteur de P étant g; dans Ph termes pris à partir d'un centre impair, par exemple à partir de o dans la suite des entiers, il y aura Rh de ces groupes formés par $2Rh$ vides. Les multiples de h occupent tous des rangs différents dans les h espaces complets, car si deux d'entre eux, nh, $n'h$, occupaient le même rang dans deux espaces différents, on aurait $n'h = nh - Py$ avec la condition $y < h$; or cette équation est impossible, h ne divisant ni P ni y. De là résulte que chaque rang est occupé une fois par un de ces multiples, puisqu'il existe P rangs et P multiples; donc chaque groupe de 2 vides reproduit h fois dans les h espaces est détruit 2 fois lorsqu'on admet le diviseur h qui occupe une fois le rang du premier vide et une fois le rang du second. En définitive, il reste $Rh - 2R = R(h - 2)$ groupes de 2 vides contigus dans ces Ph termes constituant un espace complet après l'admission du diviseur h, et il en est de même pour tout autre espace total ou pour un groupe de Ph termes consécutifs pourvu qu'il ne commence pas dans l'un de ces assemblages.

Cela posé, remarquons que, pour $P = 3$, un espace complet en renferme un seul ou $(3 - 2)$; pour $P = 3.5 = 15$, il y en a donc $R = (3 - 2)(5 - 2) = 3)$; pour $P = 105$, il faut multiplier par $(7 - 2)$, ce qui donne 15; et, pour $P = 1155$, on multiplie encore par $11 - 2 = 9$, et on trouve 135. La valeur générale est

$$R = (3 - 2)(5 - 2)(7 - 2) \ldots (g - 2).$$

On démontre comme pour $\dfrac{P}{Q}$ que le rapport $\dfrac{Q}{R}$ tend vers l'infini. Par conséquent, les assemblages de 2 vides continus tendent non-seulement à devenir infiniment peu nombreux par rapport au nombre des termes que l'on considère dans la progression, mais aussi par rapport au nombre total des vides, qui tend déjà lui-même à devenir infiniment petit par rapport au nombre de termes considérés dans la progression. $\dfrac{Q - 2R}{2R} = \dfrac{1}{2} \cdot \dfrac{Q}{R} - 1$ tend encore vers l'infini, et son inverse vers o ; ce qui prouve que le nombre de vides groupés de la sorte tend à devenir infiniment petit par rapport au nombre des vides isolés.

$$\text{En appelant S le produit } (5-3)(\,7-3)(11-3)\ldots(g-3),$$
$$\text{T le produit } (5-4)(\,7-4)(11-4)\ldots(g-4),$$
$$\text{U le produit } (7-5)(11-5)\ldots\ldots(g-5),$$

et ainsi de suite, on a dans les quantités S, T, V,... les nombres de groupes de 3, 4, 5,... vides assemblés d'une manière définie ; on le prouve de la même manière, ainsi que la tendance de ces produits à devenir des infiniment petits des 3e, 4e, 5e... ordre par rapport au nombre des termes considérés dans la progression. Il est aisé de comparer aussi les nombres d'assemblages de vides de chaque sorte comme on l'a vu plus haut pour les vides groupés 2 à 2 et les vides isolés.

Dans la suite naturelle des nombres il y a, lorsqu'on prend $P = 3.5$, de o à 14, deux groupes de 3 vides séparés par un plein ; quand $P = 3.5.7$, au lieu de $2 = (5-3)$, on en trouve $8 = (5-3)(7-3)$.

Si $P = 3.5$, il existe de -2 à 12 un groupe de 4 vides séparés par un plein ou $(5-4)$; on en trouve $(5-4) = 3$ de -2 à 102, ou de 103 à 207, ou dans tout autre espace complet, quand $P = 3.5.7$ et ainsi de suite ; mais il ne faut point commencer à compter P termes à partir de o, parce qu'on détruirait un des assemblages.

Les groupes de 5 vides contenus dans 7 termes consécutifs, 2 à chaque bout, sont impossibles, car l'un des vides serait évidemment sous un multiple de 3 ; il faut que l'assemblage présente 2 vides à un bout et un seul à l'autre. Lorsque $P = 3.5.7$, il y a, de -4 à 100, deux ou $(7-5)$ de ces groupes formés par

$$\bar{4},\ \bar{3},\ \bar{2},\ \bar{1},\ 0,\ 1,\ 2 \qquad \text{et} \qquad \bar{2},\ \bar{1},\ 0,\ 1,\ 2,\ 3,\ 4.$$

Si $P = 3.5.7.11$, on en trouve $(7-5)(11-5)$ ou 12

de — 4 à 1150 ; d'autres théorèmes analogues se démontrent tout aussi facilement. Il existe jusqu'à l'infini des assemblages de vides comme ceux dont il vient d'être question, mais il n'est pas rigoureusement prouvé qu'il se trouve aussi jusqu'à l'infini de tels assemblages de nombres premiers; ce résultat intéressant devient seulement très-probable.

Les modifications à introduire dans tout ceci et dans ce qui va suivre pour le cas où les diviseurs ne sont pas pris tous au commencement de la suite des nombres premiers, sont trop faciles pour qu'il y ait lieu à en parler ici.

31. *Sur la distribution des vides dans un espace complet.* Supposons l'emploi comme diviseurs des 200 moindres nombres premiers finissant à 1229. L'unité étant exceptée, le premier vide correspond à 1231, dont le carré est 1515361, et les vides entre ces deux derniers nombres correspondent tous à des nombres premiers, puisqu'ils n'ont pas de diviseurs moindres que leurs racines. Dans cet intervalle la table de Burckardt nous offre un tableau tout formé, dans lequel la richesse en vides ou, ce qui équivaut ici, en nombres premiers, peutêtre comparée avec la richesse moyenne en vides 0,157 pour un espace complet ou la série entière des nombres impairs.

De 1230 à 9000 il y a 3885 nombres impairs renfermant 916 nombres premiers; la richesse moyenne dans cet intervalle est $\frac{916}{3885} = 0,236.$

De 504000 à 506400 il y a 1200 nombres impairs renfermant 186 nombres premiers; la richesse moyenne n'est plus que 0,155.

Dans les 4500 nombres impairs qui sont au commencement du deuxième million il se trouve 657 nombres premiers seulement, ce qui réduit la richesse *en nombres premiers* à 0,146, nombre beaucoup moindre que 0,236.

Ces remarques suffisent pour montrer combien devient irrégulière la distribution des vides dans les différentes parties d'un même espace lorsque P atteint de grandes valeurs, ce qui n'empêche pas le nombre et la distribution des vides d'être exactement les mêmes jusqu'à l'infini dans chaque espace complet, et de là il résulte évidemment que dans la série des nombres impairs poussée très-loin, la richesse en nombres premiers, quoique décroissante d'une manière générale, doit éprouver des oscillations.

La richesse moyenne en vides groupés d'une manière définie donne facilement matière à des remarques analogues.

Dans la suite des nombres impairs le nombre entier $\dfrac{P-1}{2}$ pair ou impair, suivant que P est de la forme $4M+1$ ou $M-1$, jouit de propriétés remarquables quoiqu'il ne soit pas centre de symétrie, et il existe deux nombres analogues dans chaque espace complet. h désignant un nombre premier avec P, considérons à partir de P exclusivement 2 termes ayant pour rangs comptés de droite à gauche r et hr, pour valeurs $P-2r$, $P-2hr$; ils sont en même temps divisibles ou non divisibles par un facteur de P, suivant que r est ou non divisible par ce même facteur ; ces termes sont donc semblables.

Soit en particulier $h=2$ et $r=\dfrac{P\pm l}{4}$, le signe étant pris de manière à rendre le quotient entier. Les 2 termes $\dfrac{P\mp l}{2}$ et $\mp l$ sont semblables, et, comme $-l$ est semblable à $+l$, le second terme peut être pris toujours avec le signe $+$. Quant au premier, il égale $\dfrac{P-1}{2}-\dfrac{l-1}{2}$ et se trouve à gauche de $\dfrac{P-1}{2}$, ou bien il a pour valeur $\dfrac{P-1}{2}+\dfrac{l+1}{2}$ et est situé à droite. En prenant successivement pour valeurs les nombres impairs $1,3,5,7,\ldots$, on prouve que ces termes qui commencent la progression sont semblables à d'autres termes placés de part et d'autre de $\dfrac{P-1}{2}$, à droite et à gauche alternativement. Quand $P = 105$ et $\dfrac{P-1}{2} = 52$, quantité non comprise dans la progression, $l = 1$ donne $r = \dfrac{P-1}{4} = 26$, et montre que 53 est semblable à 1 et correspond à un vide; $l = 3$ exige que dans r on prenne le signe $+$ et donne 51 pour terme semblable à 3, c'est-à-dire que ce nombre est multiple de 3 et premier avec 5. 7. On trouve de même que 55 est semblable à 5 ; 49 à 7 ; 57 à 9, et ainsi de suite. Il est facile de montrer que la correspondance des nombres dont il vient d'être question est exprimée par l'équation $2N' = P \pm N$, dans laquelle N' est évidemment semblable à N. En y faisant $N = 1, 3, 5, 7, 9, \ldots$, on trouve $N' = 53, 51, 55, 49, 57, \ldots$. Le signe $+$ et le signe $-$ doivent être employés alternativement, tous deux donnent N' semblable à N; mais l'un des deux donne un nombre pair non compris dans la progression. On peut élever 2 ou chaque facteur de P à une puissance arbitraire sans que N' cesse d'être semblable à N; alors on peut toujours faire servir les deux signes et on a $N' = \dfrac{105y \pm N}{2^m}$, y n'admettant pas d'autres facteurs premiers que ceux de P, et m étant choisi de manière à donner N' entier et impair.

De ce qui précède, il résulte que dans un groupe de n termes, pris à partir d'un centre pair, il existe précisément autant de vides que dans n termes pris de part et d'autre de $\dfrac{P-1}{2}$. Ces groupes peuvent, en s'étendant, se rejoindre ou empiéter l'un sur l'autre, et montrer qu'en partant d'un centre pair, on trouve autant de vides dans le premier que dans le second tiers du demi-espace total, ou bien dans le premier et le troisième quart, ou encore plus généralement dans les n premiers termes $1, 3, 5, 7,\ldots$, et dans les n termes séparés de P par n termes. Les applications de ces théorèmes remarquables sont trop faciles pour qu'il y ait lieu à s'y arrêter, et la similitude des espaces montre qu'ils ont lieu pour les divers centres de symétrie jusqu'à l'infini.

Plusieurs démonstrations différentes peuvent remplacer ce qui précède. L'une des plus simples est celle à laquelle on est conduit en considérant la progression $0, 1, 2, 3, 4,\ldots$, comme la somme des progressions $0, 2, 4, 6,\ldots$, et $1, 3, 5, 7\ldots$.

La suite naturelle des nombres entiers peut aussi être décomposée en $4, 8, 16,\ldots$, autres progressions, ou bien en $\pi^{(k)}$ progressions dans l'une desquelles il n'y a pas de vides, puisque tous les termes sont multiples de $\pi^{(k)}$; on trouve ainsi, et par d'autres partages analogues, très-facilement des relations curieuses entre les nombres de vides contenus dans des groupes occupant des positions variées dans un demi-espace.

32. *Relation entre les puissances de 2 et la quantité de nombres premiers compris entre* 1 *et* $\dfrac{P}{2}$, 1 *et* P. En appelant $a, b, c,\ldots$ les nombres premiers non diviseurs de P rangés par ordre de grandeur, les $\dfrac{Q}{2}$ vides compris dans la progression des impairs de 0 à P correspondent, $\alpha, \beta, \gamma,\ldots$, pouvant prendre toutes valeurs entières positives, à

$$1,\ a^{\alpha},\ b^{\beta},\ c^{\gamma},\ldots,$$

et aux produits de ces quantités moindres que P.

D'autre part, si l'on appelle, comme dans le paragraphe précédent, r le rang d'un terme compté de droite à gauche à partir de P exclusivement, ce terme a pour valeur $P - 2r$, et, pour qu'il corresponde à un vide, il est nécessaire et

suffisant que r soit premier avec P. On aura donc tous les
vides en prenant pour r :

$$1, \; 2^m, \; a^\alpha, \; b^\beta, \; c^\gamma, \ldots,$$

et les produits de ces quantités moindres que $\dfrac{P}{2}$. Le nombre des vides étant le même dans ces deux manières de
compter, on a ainsi une relation entre la quantité de nombres premiers de a à $\dfrac{P}{2}$, de a à P et les puissances de 2.

Si dans P on supprime un ou plusieurs facteurs, le facteur 3 par exemple, on trouve une relation dans laquelle
figurent les puissances de 3 et leurs produits avec les puissances de 2 et des nombres premiers.

Au lieu de compter les rangs à partir de P, on peut
prendre pour point de départ tout autre centre de symétrie
impair.

35. *Génération des nombres premiers avec* P. Dans la
suite des nombres impairs, considérons les termes que
contient un espace complet, de P à 3 P par exemple ;
$Py + 2^x$ est l'un d'entre eux, quel que soit l'entier x,
pourvu que l'on choisisse convenablement l'entier impair y,
et, de plus, cette quantité est première avec P et correspond à un vide. Il en est de même pour $Py + E. 2^x$, si l'on
désigne par E un nombre premier avec P ; de là un mode
de génération des nombres qui correspondent à des vides.
En partant de l'un d'eux, si on le double ou seulement le
reste de la division par P, et qu'ensuite on ajoute ou on
retranche un multiple convenable de P, on a un nouveau
nombre contenu dans le même espace et correspondant encore à un vide ; on peut renouveler indéfiniment cette opération ou multiplier de suite par une puissance quelconque
de 2.

Lorsque $P = 3. 5. 7. = 105$, on a $P + 2 = 107$; $P + 2^2$
$= 109$; $P + 2^3 = 113$; $P + 2^4 = 121$; $P + 2^8$ donne 361,

et, si l'on retracnhe $2P = 210$, il reste 151, nombre compris entre P et 3 P.

Le nombre Q des vides contenus dans un espace étant limité, il est évident que les nombres auxquels on parvient ainsi ne peuvent tous différer les uns des autres, et, si l'on appelle T l'un d'entre eux auquel on est ramené, E pouvant être l'unité, il a pour expression

$$P y + E \cdot 2^x \quad \text{ou} \quad P y' + E \cdot 2^{x+n},$$

ce qui conduit à l'équation

$$E \cdot 2^x (2^n - 1) = P (y - y'),$$

et prouve que $2^n - 1$ est divisible par P. y et y' étant des arbitraires, cette condition nécessaire pour le retour à un même terme est aussi *suffisante*, et si l'on appelle n la plus faible puissance de 2 qui diminuée d'une unité est divisible par P, on voit que les nombres engendrés par la formule $P y + 2^x$, en ne considérant que ceux qui sont dans un espace, forment une période de n termes. Si l'on désigne par N le nombre des périodes, on a évidemment $n N = Q$.

Lorsque $P = 3$, $n = 2$, $N = 1$. La formule $3 y + 2^x$ renferme tous les nombres premiers avec 3.

Quand $P = 3.5 = 15$, $n = 4$, $N = 2$. Les formules $15 y + 2^x$, $15 y - 2^x$, renferment tous les nombres premiers avec 15 ; car, après avoir obtenu ceux que l'espace considéré renferme, on peut passer aux termes contenus dans les autres espaces, au moyen de l'indéterminée y. Si un terme appartient à une période, tous les termes semblablement placés dans les autres espaces appartiennent à la même période.

Supposons que x rende $2^x - 1$ divisible par P ou par tout autre nombre entier impair et que $x + n$ soit l'exposant immédiatement supérieur qui jouisse de la même propriété, la différence $2^x (2^n - 1)$ sera divisible par le même nombre entier, et, comme il est premier avec 2^x, on voit que n est le plus faible exposant capable de rendre $2^n - 1$ divisible par l'impair considéré. De là résulte que les valeurs de x constituent une progression arithmétique ayant pour premier terme et pour raison n.

Lorsqu'il s'agit d'un nombre premier a, on sait que $2^{a-1} - 1$ est toujours divisible par a qui divise aussi $2^{\frac{a-1}{2}} + 1$ ou $2^{\frac{a-1}{2}} - 1$. Quand a ne divise pas cette dernière quantité, on a $n' = a - 1$; dans le cas contraire n' est un sous-multiple de $a - 1$. Les valeurs de n', de n et de N sont très-faciles à obtenir; en voici un tableau :

$a=$	3	5	7	11	13	17	19	23	29	31	37
$n'=$	2	4	3	10	12	8	18	11	28	5	36
$n=$	2	4	12	60	60	120	360	3960	27720	27720	27720
$Q=$	2	8	48	480	5760	92160	1658880	36495360	1021870080	30656102400	1103619686400
$N=\frac{Q}{n}=$	1	2	4	8	96	768	4608	9216	36864	1105920	39813120

La première ligne contient les valeurs de a, la seconde, les plus faibles valeurs de n' qui rendent $2^{n'} - 1$ divisible par a; dans la troisième, j'ai mis les moindres valeurs de n qui rendent $2^n - 1$ divisible par $P = 3.5.7...$; d'après ce qui précède, chacune d'elles est le plus petit multiple des valeurs de n' contenues jusque-là dans la seconde ligne; elles ne peuvent donc jamais aller en diminuant. Dans la quatrième ligne sont les valeurs de Q ; chacune d'elles s'obtient en multipliant la précédente par $a - 1$, tandis que, pour passer d'une valeur de n à la suivante, on multiplie au plus par $\frac{a-1}{2}$. Cette remarque montre que le quotient $N = \frac{Q}{n}$ contenu dans la dernière ligne va toujours en augmentant.

Quel que soit l'impair A, l'équation $2^x - 1 = Ay$ est toujours possible. Supposons d'abord que A soit une puissance h d'un nombre premier a; d'après ce qui précède x devra être un multiple x' de n'. Quand $2^{x'} - 1$ est divisible par a^h, il en est ainsi de $2^{x'l} - 1 = (2^{x'} - 1) \; [\, (2^{n'(l-1)} - 1) + (2^{n'(l-2)} - 1) + \ldots + (2^{n'} - 1) + t]$ et même cette dernière quantité est divisible par $a^{h+h'}$, pourvu que l'on choisisse t multiple de $a^{h'}$ et que h' soit au plus égal à h. Appliquant plusieurs fois consécutivement cette remarque si cela est nécessaire, on voit qu'il est toujours possible d'atteindre pour x une valeur rendant $2^x - 1$ divisible par une puissance quelconque de a et que tout multiple de la plus petite valeur de x jouit de la même propriété. Cela posé, il suffit évidemment de prendre pour x un multiple des moindres valeurs trouvées pour chaque facteur de A analogue à a^h, et $2^x - 1$ ne peut manquer d'être divisible par A.

Pour que $2^x + 1$ soit divisible par 3, il faut que x soit impair, et pour que le même binôme soit divisible par 5, il faut qu'il soit de forme $4\,M + 2$; ces conditions sont incompatibles, et on en conclut que l'équation $2^x + 1 = 15y$, et par suite l'équation $2^x + 1 = Py$ sont impossibles. Il en résulte que deux nombres $+ E, - E$ égaux et de signes contraires correspondant à des vides, ne peuvent appartenir à une même période ; car cela conduirait à l'équation $Py + E. = Py' - E. \, 2^x$ ou $E.\,(2^x + 1) = P\,(y' - y)$ qui est impossible, puisque 15, diviseur de P, est premier avec E et ne divise pas $2^x + 1$. Par exemple, au delà de $P = 3$, les périodes $Py + 2^x$ et $Py - 2^x$ sont toujours distinctes ; elles ne peuvent même avoir un seul terme commun, puisque le mode de génération montre qu'alors elles coïncideraient complétement. *Entre certaines limites*, la génération des nombres correspondant à des vides ne peut fournir que des nombres premiers absolus ; elle conduit à des formules qui ne peuvent donner que des nombres premiers : on en a deux exemples dans $Py + 2^x$ et $Py - 2^x$ que nous pouvons appliquer au cas où $P = 3.5.7 = 105$. Jusqu'à $11^2 = 121$ et même jusqu'à $11.13 = 143$, pourvu qu'on excepte 121, ces formules ne peuvent fournir que des nombres premiers absolus, puisqu'ils n'admettent aucun diviseur moindre que leur racine carrée.

34. *Génération des nombres non premiers avec* P. Les nombres qui ne sont pas premiers avec P peuvent aussi être engendrés les uns par les autres : la formule $P\,y + E.\,2^x$ donne encore exclusivement des nombres semblables à E quand certains facteurs lui sont communs avec P, cela est évident. Les réflexions précédentes sont applicables, les termes non premiers avec P appartiennent aussi à diverses périodes, mais le nombre de termes de chacune d'elles n'est plus nécessairement n, car il se peut qu'un exposant moindre rende $2^x - 1$ divisible par P privé d'un ou de plusieurs de ses facteurs premiers.

Quand $P = 15$, les multiples de 3 forment une période de 4 termes comme celle des nombres premiers avec 15. Les multiples de 5 forment une période de 2 termes seulement et ceux de 15 une autre d'un seul terme.

Lorsque $P = 105$, on a vu que les vides sont distribués en 4 périodes distinctes de 12 termes chacune ; les multiples de 3 premiers avec 5.7 forment deux périodes de 12 termes ; ceux de 5 premiers avec 3.7 deux autres de 6 termes ; les multiples de 7 premiers avec 3.5 donnent deux périodes de 4 termes ; ceux de 15 premiers avec 7 deux autres de 3 termes chacune. Les multiples de 21 premiers avec 5 donnent une période de 4 termes ; ceux de 35 non divisibles par 3, une autre de 2 termes. Enfin, les multiples de 105 forment une période d'un seul terme.

SUR LA RÉSOLUTION

ÉQUATIONS NUMÉRIQUES.

PREMIÈRE PARTIE.

1. La méthode de Budan pour la résolution des équations numériques est considérée par tous les algébristes comme la plus commode et la plus prompte; Lagrange en fait un grand éloge dans le paragraphe 14 de la note VIII de son *Traité de la résolution des équations;* mais on lui reproche de ne pouvoir être employée avec sûreté que dans le cas particulier où l'équation proposée a toutes ses racines réelles, cas rare et que l'on ne peut d'ailleurs reconnaître à priori. C'est pour cette raison qu'on a voulu la remplacer. En 1834, M. Vincent a publié un Mémoire dans lequel il montre par une discussion fort ingénieuse que l'on peut, sans le calcul de l'équation aux carrés des différences, trouver les valeurs approchées des racines d'une équation quelconque au moyen d'une méthode mixte: en employant la réduction en fractions continues par les transformées jusqu'à la séparation des racines, et ensuite la méthode de Newton, avec quelques précautions simples destinées à rendre sûre l'approximation qui devient alors rapide. Mon

but est de faire voir ici que la méthode de Budan pour trouver les valeurs des racines en fractions décimales peut être
modifiée de manière à servir avec avantage dans tous les
cas, et qu'après un nombre de transformations presque
toujours fort restreint, en tout cas inférieur à une limite
assignable d'avance, on peut distinguer les unes des autres
les racines imaginaires et les racines réelles égales ou inégales. Je vais commencer par la démonstration de quelques
théorèmes sur lesquels j'aurai besoin de m'appuyer.

2. Dans l'emploi de la méthode de Budan, la difficulté
vient de ce que les racines imaginaires peuvent donner lieu
à des permanences ou à des variations sans qu'on puisse
prévoir ce qui a lieu dans chaque cas. J'ai recherché si certaines classes d'équations auxquelles, par des transformations convenables, on pourrait rattacher une équation quelconque, ne seraient pas à l'abri de cet inconvénient, et j'ai
remarqué que, pour former par voie de multiplication le
premier membre de la proposée, on peut commencer par les
facteurs correspondant aux racines réelles, ce qui fournit
un polynôme P, dans lequel il y a précisément autant de
variations que de racines positives et de permanences que
de racines négatives. L'introduction des racines imaginaires
exige la multiplication par des facteurs du second degré tels
que $(x + \alpha)^2 + \beta^2$; $(x + \alpha')^2 + \beta'^2$;.... ce qui conduit à la
somme $A + B$ de deux polynômes, dont le premier ne con-
tient pas β, β',.... tandis que le second renferme, au contraire, au moins une de ces quantités dans chacun de ses
termes. Pour avoir A, il suffit de multiplier P par
$(x + \alpha)^2 (x + \alpha')^2 ...$; de sorte que les racines toutes réelles
de l'équation $A = o$ sont les racines réelles de la proposée
et les parties réelles des diverses racines imaginaires. Le
polynôme A présente donc autant de variations que la proposée admet de racines positives et de racines imaginaires
à parties réelles positives; plus autant de permanences
qu'elle a de racines négatives et de racines imaginaires à

parties réelles négatives. La proposée étant $A + B = o$, il devient évident que si β, β',..., sont assez petits pour que les coefficients des diverses puissances de x dans B soient inférieurs à ceux des mêmes puissances de x dans A, on pourra affirmer que les racines imaginaires correspondront à des variations ou des permanences, suivant que leurs parties réelles seront positives ou négatives. Dans le cas particulier où les parties réelles des racines imaginaires seront toutes négatives, les variations indiqueront nécessairement un égal nombre de racines réelles positives, et tout embarras cessera ; il existe donc entre les β, β',..., α, α,..., et les racines réelles des relations qui, étant satisfaites, permettront de regarder les variations comme indiquant exclusivement des racines positives.

3. Il faut d'abord que α, α',..., soient positifs, mais cette condition est insuffisante. Dans l'équation :

$$x^3 - x^2 + 4x - 5o = (x - 3)(x^2 + 2x + 10) = o,$$

dont les racines sont 3, $-1 + 3\sqrt{-1}$, $-1 - 3\sqrt{-1}$, les trois variations ne correspondent pas à trois racines positives, quoique la valeur de α soit positive. C'est pour n'avoir pas fait cette remarque que Budan a donné à tort comme complète, dans le chapitre VI de sa nouvelle méthode, la justification de son critérium pour découvrir les racines imaginaires.

Dans les polynômes entiers à facteurs réels du premier degré, le carré d'un coefficient quelconque surpasse le produit des coefficients voisins ; c'est ce qui n'a pas lieu dans le trinôme $x^2 + 2x + 10$; cela m'a porté à examiner si, en ne considérant que les racines imaginaires conjuguées qui satisfont à cette inégalité, on pourrait affirmer que l'introduction d'une racine positive ne peut amener qu'une seule variation, et je suis arrivé à prouver facilement qu'il en est ainsi. Entrons dans les développements nécessaires.

4. Quand les racines d'une équation sont toutes réelles,

chaque coefficient surpasse la moyenne proportionnelle entre les coefficients voisins. Cette propriété connue depuis longtemps peut se démontrer (comme je l'ai fait dans le tome XVIII des *Annales de Mathématiques*, page 68), en s'appuyant sur ce que les dérivées d'une telle équation ne peuvent avoir que des racines réelles. Soit

$$A_0 x^m + A_1 x^{m-1} + A_2 x^{m-2} + \ldots + A_{n-1} x^{m-n+1} + A_n x^{m-n}$$
$$+ A_{n+1} x^{m-n+1} + \ldots + A_{m-2} x^2 + A_{m-1} x + A_m = 0$$

la proposée. Sa dérivée $(m-2)^{ième}$ est, après les simplifications,

$$m(m-1)A_0 x^2 + 2(m-1)A_1 x + 2A_2 = 0,$$

et, puisque ses racines sont réelles, on a

$$(m-1)A^2_1 > 2 m A_0 A_2.$$

Avant de prendre la dérivée $(m-2)^{ième}$, on peut changer x en $\dfrac{1}{y}$, ce qui laisse toutes les racines réelles. En appliquant la condition précédente aux trois derniers coefficients devenus les premiers, on arrive à l'inégalité

$$(m-1)A^2_{m-1} > 2 m A_m A_{m-2},$$

qui a lieu nécessairement entre les trois derniers coefficients de toute équation à racines exclusivement réelles.

Revenant à la proposée, prenant sa dérivée $(m-n-1)^{ième}$ et appliquant la même condition à ses trois derniers termes, on trouve

$$n(m-n)A^2_n > (n+1)(m-n+1) A_{m-1} A_{n+1},$$

inégalité qui se vérifie pour 3 termes consécutifs quelconques, et qui reproduit les deux précédentes quand on y fait $n=1$ et $n=m-1$. Si, dans une équation, elle ne se vérifie pas dans toute l'étendue du polynôme, on peut affirmer l'éxistence d'au moins deux racines imaginaires; elle peut se mettre sous la forme

$$A^2{}_n > \left[1 + \frac{m+1}{n\,(m-n)} \right] A_{n-1}\,A_{n+1},$$

et montrer que dans tous les cas on a

$$A^2{}_n > \left[1 + \frac{4\,(m+1)}{m^2} \right] A_{n-1}\,A_{n+1},$$

et *à fortiori*

$$A^2{}_n > A_{n-1}\,A_{n+1},$$

ce qu'il fallait démontrer. Lorsque m est au plus égal à 4, on a toujours

$$A^2{}_n > 2,25\,A_{n-1}\,A_{n+1},$$

et quand m ne surpasse pas 9,

$$A^2{}_n > 1,5\,A_{n-1}\,A_{n+1}.$$

5. Dans le cas particulier où l'équation proposée n'admet que des racines négatives, cas dans lequel elle est complète et n'offre que des permanences, il est facile de démontrer d'une autre manière que chaque coefficient surpasse la moyenne proportionnelle entre les deux coefficients voisins. Supposons que cette propriété existe dans le polynôme

$$x^m + ax^{m-1} + bx^{m-2} + cx^{m-3} + dx^{m-4} + \ldots + px^2 + rx + s,$$

et multiplions-le par $x + h$, il vient

$$x^{m+1} + (a+h)x^m + (b+ah)x^{m-1} + (c+bh)x^{m-2}$$
$$+ (d+ch)x^{m-3} + \ldots + (r+ph)x^2 + (s+rh)x + sh.$$

Comparons le carré d'un coefficient quelconque $(c+bh)$ avec le produit des coefficients voisins; la différence de ces deux quantités peut être écrite ainsi :

$$(c^2 - bd) + h^2\,(b^2 - ac) + h\,(bc - ad).$$

Les deux premiers termes sont positifs., puisque la propriété existe par hypothèse dans le polynôme de degré m et qu'on a en conséquence $c^2 > bd$, $b^2 > ac$. Il en est de même du troisième terme, car, des inégalités $b^2 > ac$ et $c^2 > bd$ multipliées l'une par l'autre, on tire $bc > ad$. On peut donc affirmer que, le polynôme étant supposé nul, la propriété existe encore après l'introduction d'une nouvelle racine négative. Il n'est pas à craindre que le second coefficient fasse exception, ou bien l'avant-dernier ; le carré est complet comme dans le cas général, tandis que le produit des coefficients voisins n'a plus que 2 termes au lieu de 4. Si maintenant on part du facteur simple correspondant à l'une des racines négatives, pour former le polynôme par voie de multiplication, la propriété qui existe évidemment dans le premier facteur se maintiendra à chaque nouvelle multiplication et se retrouvera dans la proposée elle-même.

6. Plusieurs conséquences simples sur lesquelles je m'appuierai bientôt peuvent être déduites des inégalités du paragraphe précédent :

$$b^2 > ac, \quad c^2 > bd, \quad d^2 > ce, \quad e^2 > df.$$

En les multipliant et réduisant, on trouve

$$be > af,$$

ce qui prouve que le produit de deux coefficients surpasse celui des deux coefficients voisins non situés dans l'intervalle.

L'inégalité $b^2 > ac$ peut encore être mise sous la forme $\frac{b}{c} > \frac{a}{b}$ et montrer que le rapport d'un coefficient au suivant va en augmentant depuis le commencement de l'équation jusqu'à la fin.

Un coefficient ne peut être en même temps inférieur aux deux coefficients voisins, puisque son carré surpasse leur produit. Donc si la série 1, a, b, c.... est décroissante au commencement, elle le sera jusqu'à la fin ; si elle est d'abord croissante, elle pourra l'être jusqu'à la fin, ou bien, à partir d'un terme plus grand que ses voisins, elle décroîtra jusqu'au bout.

7. Multiplions maintenant l'équation

$$x^m + ax^{m-1} + bx^{m-2} + \ldots + px^2 + qx + r = 0,$$

dont les racines sont toujours supposées réelles et négatives, par le trinôme $x^2 + 2\alpha x + \alpha^2 + \beta^2$, dans lequel nous supposons $\alpha > 0$ et $4\alpha^2 > \alpha^2 + \beta^2$ ou $\beta < \alpha\sqrt{3}$; il vient :

$$x^{m+2} + (a + 2\alpha)x^{m+1} + (b + 2a\alpha + \alpha^2 + \beta^2)x^m$$
$$+ (c + 2b\alpha + a\alpha^2 + a\beta^2)x^{m-1} + (d + 2c\alpha + b\alpha^2 + b\beta^2)x^{m-2}$$
$$+ (e + 2d\alpha + c\alpha^2 + c\beta^2)x^{m-3} + \ldots$$
$$+ (r + 2q\alpha + p\alpha^2 + p\beta^2)x^2 + (2r\alpha + q\alpha^2 + q\beta^2)x$$
$$+ (r\alpha^2 + r\beta^2) = 0.$$

Les termes sont tous positifs ; de plus la différence entre le carré d'un coefficient quelconque et le produit des coefficients voisins

$$(d + 2c\alpha + b\alpha^2 + b\beta^2)^2 - (c + 2b\alpha + a\alpha^2 + a\beta^2)(e + 2d\alpha + c\alpha^2 + c\beta^2)$$

devient, en groupant convenablement les termes,

$$(d^2 - ce) + 2\alpha(cd - be) + \beta^2(bd - ae)$$
$$+ 2\alpha^2(\alpha^2 + \beta^2)(bc - ad) + (\alpha^2 + \beta^2)^2(b^2 - ac)$$
$$+ 2\alpha^2(c^2 - bd) + \alpha^2(c^2 - ae) - \beta^2(c^2 - bd).$$

Si l'on se reporte au paragraphe 6, et qu'on ne perde pas de vue que toutes les lettres employées désignent des quantités positives, même α qui est la partie réelle prise en signe contraire des racines du trinôme, il deviendra évident que tous les termes sont positifs, à l'exception du dernier, puisque la propriété qui nous occupe existe dans l'équation avant la multiplication.

Dans les 3 derniers termes $2\alpha^2(c^2 - bd) + \alpha^2(c^2 - ae)$ surpasse $3\alpha^2(c^2 - bd)$, car $ae < bd$ donne $c^2 - ae > c^2 - bd$.

D'ailleurs, par hypothèse, $3\alpha^2$ surpasse β^2, et l'on voit que l'introduction du nouveau facteur du second degré n'a pas fait disparaître la propriété des coefficients.

Les extrémités du polynôme demandent un examen spécial, parce qu'ils sortent du cas général. Les carrés du troisième coefficient et de celui qui n'en a que deux après lui étant complets, tandis que les produits des coefficients voisins sont incomplets, ce cas ne peut présenter aucune difficulté; mais les carrés du second coefficient et de l'avant-dernier étant eux-mêmes incomplets, on ne peut immédiatement décider qu'ils ne font pas exception. En formant, comme dans le cas général, la différence entre le quarré de l'avant-dernier, par exemple, et le produit des deux coefficients voisins et groupant convenablement les termes, on trouve

$$r^2\,(3\alpha^2 - \beta^2) + 2\,qr\,\alpha\,(\alpha^2 + \beta^2) + (\alpha^2 + \beta^2)^2\,(q^2 - pr),$$

quantité évidemment positive. Le second coefficient conduit à un résultat analogue.

8. Cette démonstration s'applique sans difficulté à des multiplications successives par d'autres trinômes semblables en nombre quelconque, et il est complétement certain que *dans une équation de degré quelconque qui n'a que des racines négatives ou des racines imaginaires à parties réelles négatives et chacune numériquement supérieure au quotient obtenu en divisant par* $\sqrt{3}$ *le coefficient de* $\sqrt{-1}$, *le carré de chaque coefficient surpasse le produit des coefficients voisins.*

9. Ce théorème n'est pas applicable au cas où l'équation a des racines positives; on peut s'en assurer en considérant l'exemple

$$(x^2 + x + 0{,}89)\,(x - 2) = x^3 - x^2 - 1{,}11\,x - 1{,}78 = 0,$$

dans lequel on n'a pas $\overline{1{,}11}^2 = 1{,}2321 > 1{,}78$, quoique les racines $-0{,}5 \pm 0{,}8\sqrt{-1}$ du trinôme soient dans le cas indiqué précédemment, puisque $-0{,}5$ est une quantité négative qui surpasse numériquement $\dfrac{0,8}{\sqrt{3}} = 0,46188$ ou,

ce qui équivaut, puisque le trinôme a ses 3 termes positifs et que le carré de son second coefficient surpasse le produit des deux autres.

10. Si l'on multiplie une équation du genre de celles que nous venons de considérer par $x + h$ comme dans le paragraphe 5 où le produit est tout formé et qu'on suppose h négatif pour introduire une racine positive, il surviendra nécessairement une seule variation. Cela résulte de ce que, si l'on s'éloigne du dernier terme sh qui est négatif jusqu'à ce qu'on trouve un terme positif, $d + ch$ par exemple, ce qui entraîne $-h < \dfrac{d}{c}$, on ne rencontrera plus de terme négatif jusqu'au premier qui est essentiellement positif; car de

$$\frac{d}{c} < \frac{c}{b} < \frac{b}{a} \, \dots,$$

on conclut

$$-h < \frac{c}{b} < \frac{b}{a} \, \dots,$$

et

$$c + bh > 0, \quad b + ah > 0, \dots$$

Cette conséquence cesserait d'être générale si l'on se bornait à prendre, pour la multiplier par $x + h$, une équation dans laquelle les parties réelles des racines imaginaires seraient négatives sans surpasser numériquement $\dfrac{\beta}{\sqrt{3}}$; c'est ce que prouve l'exemple

$$(x^2 + 2x + 10)(x - 3) = x^3 - x^2 + 4x - 30 = 0.$$

11. Quand on est assuré que les racines imaginaires ne sortent pas de la catégorie qui nous occupe, il est donc permis d'affirmer que toute équation qui présente 3 variations a 3 racines positives, puisque si elle n'en avait qu'une seule, elle ne pourrait offrir plus d'une variation.

Deux variations indiquent deux racines positives lorsque les parties réelles des racines imaginaires sont négatives sans qu'il soit nécessaire qu'elles surpassent numériquement $\dfrac{\beta}{\sqrt{3}}$; l'hypothèse de l'absence des racines positives n'est pas admissible dans ce cas, attendu que le premier membre est alors le produit de facteurs à coefficients exclusivement positifs.

12. C'est au delà de 3 variations que l'incertitude commence. Dans l'équation

$$(x^2 + 2x + 3,9)(x^2 - 2,1\,x + 1) = x^4 - 0,1\,x^3 + 0,7\,x^2 - 6,19x + 3,9 = 0,$$

on remarque deux racines imaginaires dans lesquelles la partie réelle est négative et qui correspondent à un trinôme dont le second coefficient surpasse la moyenne proportionnelle entre les deux autres. Elle offre aussi deux racines positives, dont la première ne peut amener qu'une variation; la seconde en introduit 3, puisqu'il y en a 4 qui n'indiquent pas, comme on voit, la présence de 4 racines positives.

13. Pour une équation dépourvue de racines égales, ce qui précède suffit pour donner toute rigueur à la méthode de Budan; nous allons le compléter cependant en considérant ce qui arrive lorsqu'on multiplie le produit des facteurs correspondant aux racines négatives et imaginaires par le produit effectué des facteurs correspondant aux racines positives. Mettons tous les signes en évidence et prenons pour exemple :

$$x^7 + ax^6 + bx^5 + cx^4 + dx^3 + ex^2 + fx + g$$
$$x^3 - Ax^2 + Bx - C$$

$$x^{10} + ax^9 + bx^8 + cx^7 + dx^6 + ex^5 + fx^4 + gx^3$$
$$\phantom{x^{10}} -A \quad -Aa \quad -Ab \quad -Ac \quad -Ad \quad -Ae \quad -Af \quad -Agx^2$$
$$\phantom{x^{10} -A} +B \quad +Ba \quad +Bb \quad +Bc \quad +Bd \quad +Be \quad +Bf \quad +Bgx$$
$$\phantom{x^{10} -A +B} -C \quad -Ca \quad -Cb \quad -Cc \quad -Cd \quad -Ce \quad -Cf \quad -Cg$$

Examinons ce produit, sur lequel il est facile de faire des remarques générales quoiqu'il soit particulier. Nous ne considérerons que les coefficients dont chacun occupe dans la disposition adoptée toute une colonne verticale. Si un terme surpasse celui qui est immédiatement au-dessus, il en sera ainsi du terme placé à droite et de celui qui est à gauche en montant d'un rang. Par exemple, $Cc > Bd$ entraîne comme conséquence $Cd > Be$ et $Bc > Ad$, ou, en divisant ces inégalités, la première par Cd, la seconde par Ce, la troisième par Bd, $\dfrac{c}{d} > \dfrac{B}{C}$ entraîne comme conséquence $\dfrac{d}{e} > \dfrac{B}{C}$ et $\dfrac{c}{d} > \dfrac{A}{B}$; cela résulte de ce que dans les suites A, B,…, et a, b…, le quotient d'un terme par le suivant va en augmentant (6). En appliquant ces remarques plusieurs fois consécutivement, on voit qui si un terme surpasse celui qui est au-dessus, il en est de même dans tout un parallélogramme terminé d'un côté par la ligne horizontale à droite du terme considéré, et de l'autre par la ligne oblique obtenue en montant d'un rang quand on passe d'une colonne à celle qui est à gauche.

On démontre de la même manière que, si le terme considéré surpasse celui qui est immédiatement au-dessous, il en est ainsi dans tout le parallélogramme opposé par le sommet à celui qui est formé comme il vient d'être dit.

14. Maintenant, dans le produit entier, considérons le dernier terme g de la première ligne; s'il surpasse celui qui est au-dessous Af, il en sera ainsi dans tout le parallélogramme formé par le produit complet; par suite, tous les coefficients seront positifs jusqu'à celui qui commence par g inclusivement; car, dans chaque colonne, le terme supérieur et le second forment un ensemble positif, ainsi que le troisième avec le quatrième, etc.; le dernier, si le nombre des lignes est impair, est positif. Enfin chaque colonne prend le signe de son terme supérieur; par exemple

—$Ag + Bf - Ce$ est négatif, puisque Ag surpasse Bf. On voit que, dans ce cas, l'équation finale présente précisément autant de variations que de racines positives et qu'elles sont toutes à la fin du polynôme.

Au reste, la condition $g > Af$ revient à $\dfrac{f}{g} < \dfrac{1}{A}$, et si l'on appelle $H, H', H'', \ldots$, les N racines positives, et qu'on remarque que $\dfrac{f}{g}$ n'est autre chose que la somme des n racines négatives et imaginaires $h, h', \ldots$, $\alpha + \beta \sqrt{-1}, \ldots$, prises en signes contraires de $x^7 + ax^6 + \ldots = 0$ après le changement de x en $\dfrac{1}{y}$, cette condition devient

$$\frac{1}{h} + \frac{1}{h'} + \cdots + \frac{1}{\alpha + \beta\sqrt{-1}} + \frac{1}{\alpha - \beta\sqrt{-1}} + \cdots < \frac{1}{H + H' + \cdots}$$

ou

$$\frac{1}{h} + \frac{1}{h'} + \cdots + \frac{2\alpha}{\alpha^2 + \beta^2} + \cdots < \frac{1}{H + H' + \cdots}.$$

$\alpha, \alpha', \ldots$, sont positifs, puisque ce sont les parties réelles, négatives par hypothèse, des racines imaginaires, changées de signe. $\dfrac{\alpha}{\alpha^2 + \beta^2}$ étant moindre que $\dfrac{1}{\sqrt{\alpha^2 + \beta^2}}$, on voit que cette inégalité aura lieu *a fortiori* si :

$$\frac{1}{h} + \frac{1}{h'} + \frac{1}{h''} + \cdots < \frac{1}{H + H' + H'' + \cdots},$$

$h, h', h'', \ldots$, désignant désormais les racines négatives prises en signe contraire et les modules des racines imaginaires.

Pour simplifier encore cette condition et la rendre d'un usage plus commode dans certains cas où il n'est pas aisé de l'employer sous cette forme, désignons par S et I des limites supérieure et inférieure des racines positives; par

s et i des limites supérieure et inférieure des racines négatives changées de signes et des modules des racines imaginaires ; on sera certain que le nombre des variations indi-
quera précisément celui des racines positives toutes les fois
que sera satisfaite l'inégalité

$$\frac{n}{i} < \frac{1}{\text{NS}} \quad \text{ou} \quad a\text{S} < i,$$

a désignant le produit $n\text{N}$.

15. En considérant le premier C de la dernière ligne au
lieu du dernier terme de la première ligne, on arrive de la
même manière à prouver que les variations sont situées
toutes au commencement et en nombre égal à celui des
racines positives si

$$\frac{1}{\text{H}} + \frac{1}{\text{H}'} + \dots < \frac{1}{h + h' + \dots + \alpha + \alpha' + \dots},$$

ou si

$$\frac{1}{\text{H}} + \frac{1}{\text{H}'} + \dots < \frac{1}{h + h' + \dots + h'' + \dots},$$

h, h', h'',...., représentant les racines négatives prises positivement et les parties réelles prises positivement des
racines imaginaires, ou, si on le préfère, les modules des
racines imaginaires qui surpassent α, α',....

En la simplifiant comme la précédente, cette formule
devient

$$a\text{S} < \text{I},$$

et, puisque $n + \text{N} = m$ degré de l'équation, il sera toujours
permis de remplacer a ou $n\text{N}$ par $\dfrac{m^2}{4}$. On pourra aussi prendre à la place de ce produit $v(m-v)$, v désignant le nom-
bre des variations qui offre l'avantage d'être connu, mais
seulement quand v sera inférieur à $\dfrac{m}{2}$.

Les transformations de Budan conduisent à des équations qui tombent d'elles-mêmes dans les cas que nous venons d'examiner ; c'est ce que je vais établir après avoir exposé sa méthode avec une modification destinée à diminuer la longueur des calculs (1).

16. *Lemme préliminaire.* Quand une équation a été ramenée à la forme $ax^m + bx^{m-1} + cx^{m-2} + .. = 0$, où $a, b, c, \ldots$, désignent des nombres entiers, il est facile de doubler les racines en très-peu de temps. Il suffit de multiplier les coefficients à partir du second par $2, 2^2 2^3, \ldots$, ce qui peut s'effectuer de la sorte : après avoir doublé le 2e et quadruplé le 3e, on multiplie tous les autres par 8 ; puis on recommence, à partir du 5e, à doubler, quadrupler et multiplier par 8 ; on continue ainsi, regardant à chaque fois trois nouveaux termes comme parfaits jusqu'à ce qu'on soit arrivé à la fin du polynôme. Il faut $1, 2, 3, \ldots$, séries d'opérations pour les équations de degrés $3, 6, 9, \ldots$, ou, en général, $\dfrac{m}{3}$ séries d'opérations pour une équation de degré m, $\dfrac{m}{3}$ étant pris entier par excès et la dernière série pouvant se réduire à peu de chose.

17. *Lemme réciproque.* Pour rendre chacune des racines sous-double, on s'y prend de la même manière en commençant par la fin du polynôme et, après l'opération, les coefficients $1^{er}, 2^e, 3^e, \ldots$, se trouvent multipliés par $2^m, 2^{m-1}, 2^{m-2}, \ldots$, et le dernier par 2^0, comme cela doit être.

18. *Autre lemme.* La suite $\dfrac{1}{2} + \dfrac{1}{4} + \dfrac{1}{8} + \dfrac{1}{16} + \ldots$, qui peut être complète ou manquer de certains termes, est facile à sommer en fraction décimale. Il suffit de remarquer que l'erreur commise en s'arrêtant dans cette suite infinie,

---

(1) L'application qu'on peut faire des théorèmes précédents à la note XII du *Traité de la résolution des équations* par Lagrange est évidente.

à un terme quelconque, à $\dfrac{1}{1024}$ par exemple, est inférieure à ce terme, et d'écrire en fractions décimales qui se déduisent avec une facilité extrême les unes des autres les valeurs des termes successifs, en ne gardant que le nombre de chiffres utile.

Voici le tableau de l'opération, en supposant qu'aucun terme ne manque jusqu'à $\dfrac{1}{1024}$.

$$
\begin{aligned}
&0{,}50000\\
&0{,}25000\\
&0{,}12500\\
&0{,}06250\\
&0{,}03125\\
&0{,}01562\\
&0{,}00781\\
&0{,}00395\\
&0{,}00197\\
&0{,}00098\\
\hline
&0{,}999
\end{aligned}
$$

Chaque ligne se déduit de la précédente en prenant la moitié; si une ou deux lignes manquaient à cause de 1 ou 2 numérateurs nuls, on diviserait de suite par 4 ou par 8. J'ai partout conservé deux chiffres de trop que j'ai omis dans le produit. Cela suffit évidemment ici, car dans la colonne suivante qui en a 5 avant elle, en ne considérant que la partie décimale, il y aurait 5 zéros et 5 chiffres significatifs ayant pour somme au plus 30 ; il est aisé de prouver que dans toute colonne le premier chiffre est 5 ; le deuxième 2 ; le troisième 6 ou 1 ; le quatrième 0, 3,5 ou 8 : il n'y a donc à craindre qu'une erreur de $\dfrac{3}{100}$ d'unité de l'ordre à conserver, ce qui ne peut altérer le résultat. Au reste, après la suppression des deux chiffres, il y a des cas où il faut augmenter d'une unité le dernier de ceux qu'on conserve pour éviter deux erreurs dans le même sens.

MÉTHODE DE BISSECTION.

19. Il est naturel de considérer d'abord, dans une méthode pour la résolution des équations numériques, le cas très-simple où les racines sont toutes réelles et inégales ; c'est ce que nous allons faire, et comme il est aisé de ramener la recherche des racines négatives à celle des racines positives, nous nous occuperons exclusivement de ces dernières. Nous verrons plus loin comment la même méthode s'applique au cas où la proposée a des racines imaginaires et des racines égales. Prenons pour exemple l'équation

$$x^3 - 7x + 7 = 0,$$

qui a déjà été résolue par Lagrange. La transformée en $x - 1$ conserve ses deux variations, celle en $x - 2$ n'a plus que des permanences ; les deux racines positives sont donc comprises entre 1 et 2 (Théorème de Budan).

Au lieu de changer x en $\dfrac{x'}{10}$, ce qui expose, si les racines ont un premier chiffre décimal élevé, 8 ou 9 par exemple, à calculer beaucoup de transformées, dont les quatre premières peuvent être évitées en partageant immédiatement l'espace en deux parties égales, remplaçons x par $\dfrac{x_1}{2}$ **(16)** dans la transformée en $x - 1$. x_1 aura pour partie entière 0 ou 1, et il faudra choisir, au moyen du théorème de Budan. La valeur 0 pourra quelquefois être adoptée à la suite d'une simple inspection des coefficients ; en tout cas, on n'aura jamais à calculer plus d'une transformée.

Dans l'équation en x_1 ou en $x_1 - 1$, suivant que x_1 aura pour partie entière o ou 1, on fera $x_1 = \dfrac{x_2}{2}$ ou $x_1 - 1 = \dfrac{x_2}{2}$, et l'on continuera de la sorte jusqu'à ce que les racines se séparent, c'est-à-dire jusqu'à ce qu'elles aient pour partie entière l'une o et l'autre 1. S'il y en avait plus de deux, la séparation n'en serait pas moins assurée : en rendant sans cesse moitié moindre l'espace dans lequel s'effectue la recherche, on ne peut manquer de le faire devenir plus petit que la différence entre deux quelconques des racines poursuivies, et alors la séparation a lieu nécessairement, si elle n'a pas eu lieu plus tôt. On atteint ensuite une aussi grande approximation qu'on veut par le même moyen. Voici le tableau des opérations pour l'exemple précédent ; on peut calculer les transformées par de simples additions comme Budan ou mieux comme le conseille M. Vincent dans le Mémoire déjà cité :

ÉQUATIONS EN	COEFFICIENTS.			
x.	1	0	— 7	7
	1	1		
	1	2	— 6	
$x - 1 = \dfrac{x_1}{2}$.	1	3	— 4	1
x_1.	1	6	—16	8
	1	7		
	1	8	— 9	
$x_1 - 1 = \dfrac{x_2}{2}$.	1	9	— 1	— 1
$x_2 - 0 = \dfrac{x_3}{2}$.	1	18	— 4	— 8
x_3.	1	36	—16	—64
	1	37		
	1	38	21	

Suite du Tableau.

ÉQUATIONS EN	COEFFICIENTS.			
$x_3 - 1 = \dfrac{x_4}{2}$.	1	39	59	— 43
x_4.	1	78	236	— 344
	1	79		
	1	80	315	
$x_4 - 1 = \dfrac{x_5}{2}$.	1	81	395	— 29
$x_5 - 0 = \dfrac{x_6}{2}$.	1	162	1580	— 232
$x_6 - 0 = \dfrac{x_7}{2}$.	1	324	6320	— 1856
$x_7 - 0 = \dfrac{x_8}{2}$.	1	648	25280	— 14848
x_8.	1	1296	101120	— 118784
	1	1297		
	1	1298	102417	
$x_8 - 1 = \dfrac{x_9}{2}$.	1	1299	103715	— 16367
$x_9 - 0 = \dfrac{x_{10}}{2}$.	1	2598	414860	— 130936
$x_{10} = 0 + \cdots$.				

Pour la seconde racine positive x', je supposerai qu'on emploie les simplifications connues au lieu de se borner à de simples additions. Voici le tableau des opérations :

ÉQUATIONS EN	COEFFICIENTS.		
x'	1	0	— 7	7
$x' - 1 = \dfrac{x'_1}{2}$	1	3	— 4	1
$x'_1 - 0 = \dfrac{x'_2}{2}$	1	6	— 16	8
x'_2	1	12	— 64	64
$x'_2 - 1 = \dfrac{x'_3}{2}$	1	15	— 37	13
$x'_3 - 0 = \dfrac{x'_4}{2}$	1	30	— 148	104
x'_4	1	60	— 592	832
$x'_4 - 1 = \dfrac{x'_5}{2}$	1	63	— 469	301
x'_5	1	126	— 1876	2408
$x'_5 - 1 = \dfrac{x'_6}{2}$	1	129	— 1621	659
$x'_6 - 0 = \dfrac{x'_7}{2}$	1	258	— 6884	5272
x'_7	1	516	— 25936	42176
$x'_7 - 1 = \dfrac{x'_8}{2}$	1	519	— 24901	16757
x'_8	1	1038	— 99604	134056
$x'_8 - 1 = \dfrac{x'_9}{2}$	1	1041	— 97525	35491
$x'_9 - 0 = \dfrac{x'_{10}}{2}$	1	2082	— 390100	283928
$x'_{10} = 1 +$	1	4164	— 1560400	2271424

Il reste à réduire ces deux racines

$$x = 1 + \frac{1}{2} + \frac{0}{4} + \frac{1}{8} + \frac{1}{16} + \frac{0}{32} + \frac{0}{64} + \frac{0}{128} + \frac{1}{256} + \frac{0}{512} + \frac{0}{1054} + \ldots$$

et

$$x' = 1 + \frac{0}{2} + \frac{1}{4} + \frac{0}{8} + \frac{1}{16} + \frac{1}{32} + \frac{0}{64} + \frac{1}{128} + \frac{1}{256} + \frac{0}{512} + \frac{1}{1024} + \ldots$$

en fractions décimales (**18**). Elles sont maintenant connues, à moins de $\dfrac{1}{1024}$ par défaut. Si l'on ajoutait à chacune d'elles $\dfrac{1}{2048}$, elles seraient approchées à moins de $\dfrac{1}{2048}$, mais on ne pourrait pas dire, sans prolonger le calcul, si ce serait par excès ou par défaut. Voici le tableau de ces réductions pour x et x' :

CALCUL DE x.		CALCUL DE x'.	
1	$1,00000$	1	$1,00000$
$\dfrac{1}{2}$	$0,50000$	$\dfrac{1}{4}$	$0,25000$
$\dfrac{1}{8}$	$0,12500$	$\dfrac{1}{16}$	$0,06250$
$\dfrac{1}{16}$	$0,06250$	$\dfrac{1}{32}$	$0,03125$
$\dfrac{0}{64}$	$0,01562$	$\dfrac{1}{128}$	$0,00781$
$\dfrac{1}{256}$	$0,00390$	$\dfrac{1}{256}$	$0,00390$
		$\dfrac{1}{1024}$	$0,00097$
$x = 1,69140$		$x' = 1,35644$	

Ces valeurs étant trop faibles et approchées à moins de $\dfrac{1}{1000}$, on est assuré d'avoir x et x' avec ce même degré d'approximation en augmentant le 3e chiffre décimal d'une unité et supprimant les deux qui suivent. On a donc

$$x = 1,692 \quad \text{et} \quad x' = 1,357,$$

mais on ne peut plus affirmer que ces valeurs sont trop faibles.

Quant à la rapidité de l'approximation, il est aisé de voir que si l'on s'arrête à un terme ayant pour dénominateur 2^n, on aura calculé au plus n transformées, et si, dans le calcul décimal des racines, on nomme n' le nombre des chiffres décimaux déjà trouvés (négligeant de part et d'autre de tenir compte de la recherche de la partie entière), on aura calculé en moyenne $\frac{54}{10} n'$ transformées, car chaque chiffre décimal peut être indifféremment o, 1, 2, 3, 4, 5, 6, 7, 8, 9, et exiger 1, 2, 3, 4, 5, 6, 7, 8, 9, 9 transformées nombres dont la moyenne est $\frac{54}{10}$. Le nombre des transformées sera le même dans les deux méthodes si $n = \frac{54}{10} n'$; mais alors le rapport des degrés d'approximation sera $\left(\frac{2^{5,4}}{10}\right)^{n'} =$ $(4,22261)^{n'}$ ou 4 ; 1783 ; 3178952 ; 10105737000000 pour $n' = 1, 2, 3, 4$. On voit que la méthode de bissection continuelle offre un avantage considérable ; à la vérité, on a plus souvent à doubler les racines qu'à les décupler dans la méthode décimale, ce qui d'ailleurs est un peu plus court, puis il faut à la fin sommer la suite trouvée pour x ; mais ce désavantage est bien faible et fort éloigné de compenser le temps que l'on gagne en évitant le calcul d'une partie notable des transformées dont certaines d'ailleurs se calculent ici avec des nombres moins élevés.

20. Il arrive souvent que les racines ne sont pas toutes inférieures à 2 ; on peut alors en chercher la partie entière comme Budan ; on peut aussi employer une méthode uniforme. On sous-double (**17**) les racines plusieurs fois consécutivement jusqu'à ce que la plus grande devienne moindre que 2 ; puis on applique à leur recherche la méthode qui vient d'être exposée, et pour les ramener à leur vraie valeur, on les multiplie par une puissance de 2 marquée par le nombre de fois qu'elles ont été sous-doublées, ce qui se fait sans aucun calcul, en ajoutant seulement l'exposant de cette puissance à tous les exposants de 2 dans les suites avant de les sommer. Prenons pour exemple l'équation

$$x^3 - 17 x^2 + x - 20 = 0.$$

ÉQUATIONS EN	COEFFICIENTS.			
	1	— 17	1	— 20
	8	— 68	2	— 20
	64	— 272	4	— 20
	512	— 1088	8	— 20
x_4	4096	— 4352	16	— 20
$x_4 \quad - 1 = \dfrac{x_3}{2}$	4096	7936	3600	— 260
$x_3 \quad - 0 = \dfrac{x_2}{2}$	512	1984	1800	— 260
$x_2 \quad - 0 = \dfrac{x_1}{2}$	64	496	900	— 260
$x_1 \quad - 0 = \dfrac{x_0}{2}$	8	124	450	— 260
x_0	1	31	225	— 260
$x_0 \quad - 1 = \dfrac{x_{-1}}{2}$	1	34	290	— 3
$x_{-1} - 0 = \dfrac{x_{-2}}{2}$	1	68	1160	— 24
$x_{-2} - 0 = \dfrac{x_{-3}}{2}$	1	136	4640	— 192
$x_{-3} - 0 = \dfrac{x_{-4}}{2}$	1	272	18560	— 1536
$x_{-4} - 0 = \dfrac{x_{-5}}{2}$	1	544	74240	— 12288
$x_{-5} - 0 = \dfrac{x_{-6}}{2}$	1	1088	296960	— 98304
$x_{-6} - 0 = \dfrac{x_{-7}}{2}$	1	2176	1187840	— 786432
x_{-7}	1	4352	4751360	— 6291456
$x_{-7} - 1 = \dfrac{x_{-8}}{2}$	1	4355	4760067	— 1535743
$x_{-8} - 0 = \dfrac{x_{-9}}{2}$	1	8710	19040268	— 12285944
x_{-9}	1	17420	76161072	— 98287552
$x_{-9} - 1 = \dfrac{x_{-10}}{2}$	1	17423	76195915	— 22109059
$x_{-10} = 0 +$				

Il est commode de prendre , comme je viens de le faire , les indices de x égaux aux puissances correspondantes de 2, et il suffit évidemment, pour que cette correspondance ait lieu , que l'on adopte l'indice o pour la première des équations à premier coefficient égal à l'unité et que l'on écrive la suite naturelle des nombres entiers à partir de là dans les deux sens, en observant de les prendre positivement en montant et négativement en descendant ; on en conclut de suite

$$x = 2^4 + 2^0 + 2^{-7} + 2^{-9} + \ldots = 17,010 \text{ à moins de } \frac{1}{1000}.$$

Depuis l'équation en x_4 jusqu'à l'équation en x_0, pour doubler les racines, il faut diviser les coefficients par les puissances successives de 2 en commençant par l'avant-dernier, et non les multiplier comme il a été dit dans le paragraphe **16** ; on obtient par ce moyen des coefficients moindres. Ces divisions ne peuvent manquer de s'effectuer exactement ; cela résulte de la manière même dont les transformées s'obtiennent, en ajoutant à chaque terme des termes qui le précèdent et sont par conséquent divisibles par des puissances de 2 plus élevées. D'ailleurs, l'équation en x_0 devant fournir la partie décimale de la racine est identique avec la transformée qu'on obtiendrait si l'on en approchait à moins d'une unité sans rien changer à la méthode de Budan, ce qui prouve qu'elle doit avoir pour premier coefficient l'unité, ou en général le premier coefficient de la proposée.

Quoique je prenne pour exemples des équations à coefficients entiers, les théorèmes et les méthodes contenus dans ce Mémoire sont applicables évidemment au cas des coefficients incommensurables, avec cette différence que les calculs sont plus longs et que certaines simplifications cessent d'être possibles.

21. Reprenons maintenant l'équation en x_4 dans la-

7

quelle deux racines sont indiquées entre o et 1, puisque sa transformée a deux variations de moins. On pourrait en poursuivre la séparation par les moyens précédents ; mais, dans le cas où elles seraient imaginaires, la recherche n'aurait pas de fin. Changeons, suivant le conseil de Budan, x_1 en $\dfrac{1}{y}$, et si l'équation en x_1 a véritablement deux racines moindres que l'unité, celle en y en aura deux plus grandes que 1, et sa transformée en $y - 1$ présentera deux variations. Cette transformée se calcule sur l'équation même en commençant par la fin et sans qu'il soit utile de la récrire :

$$
\begin{array}{cccc}
4096 & -\,4352 & 16 & -\,20 \\
-\,260 & -\,4380 & -\,44 & -\,20
\end{array}
$$

On aurait pu se dispenser ici de tout calcul, parce qu'il est évident que les sommes premières sont toutes de même signe ; il arrive souvent ainsi que l'inspection des coefficients est suffisante. L'équation en y n'a donc pas de racines plus grandes que l'unité ; il n'y a pas lieu à poursuivre la recherche : les racines indiquées sont imaginaires.

On n'est pas toujours aussi promptement assuré de leur nature. On opère alors des bissections consécutives, et, soit à chaque fois, soit de temps en temps, on essaye ce critérium de Budan pour savoir s'il permet d'affirmer que les racines sont imaginaires. En traitant de la sorte les dix équations que Fourier considère dans son *Analyse des équations déterminées* (pages 152 et 153), on découvre immédiatement la nature des racines imaginaires qu'elles renferment, et une seule bissection opère la séparation de celles qui sont réelles. Le même procédé, appliqué aux six équations examinées par M. Lobatto (*Journal de M. Liouville*, t. IX, p. 295), fait découvrir deux racines imaginaires dans la première après trois bissections, dans la seconde après une seule, et dans les quatre autres immédiatement ; mais pour qu'il puisse être adopté comme une des bases fondamentales d'une méthode pour la résolution des équations numériques, il est indispensable de prouver, ce que ne fait pas Budan, que ce critérium ne manquera jamais de faire découvrir les racines imaginaires après un nombre restreint de transformations. Ce sera l'objet des paragraphes qui vont suivre.

22. Ayant ramené le cas général à celui-là, nous supposerons qu'il n'y a dans le groupe à examiner que des racines inférieures à 2, et nous désignerons par n le nombre des bissections déjà opérées ; de sorte que les racines réelles poursuivies, s'il en existe, sont connues à moins de $\frac{1}{2^n}$. Leur partie commune est

$$a_0\, 2^0 + a_{-1}\, 2^{-1} + a_{-2}\, 2^{-2} + \ldots + a_{-n}\, 2^{-n} = A < 2,$$

$a_0, a_{-1}, a_{-2}, \ldots, a_{-n}$ étant les parties entières 0 ou 1 de x, $x_{-1}, x_{-2}, \ldots, x_{-n}$. Les équations précédemment établies :

$$x = a_0 + 2^{-1} x_{-1} ; \; x_{-1} = a_{-1} + 2^{-1} x_{-2} ; \; x_{-2} = a_{-2} + 2^{-1} x_{-3} \ldots ;$$
$$x_{-(n-1)} = a_{-(n-1)} + 2^{-1} x_{-n},$$

étant multipliées respectivement par $2^n, 2^{n-1}, 2^{n-2}, \ldots, 2^2, 2^1$, et ajoutées ensemble, donnent encore, après des réductions évidentes :

$$2^n x = 2^n a_0 + 2^{n-1} a_{-1} + 2^{n-2} a_{-2} + \ldots + 2 a_{-(n-1)} + x_{-n} ;$$

et comme x_{-n} a pour partie entière a_{-n} et une partie fractionnaire que nous pouvons représenter par x', il vient, en ayant égard à la valeur de A,

$$x' = 2^n (x - A).$$

Les racines poursuivies, s'il en existe de réelles, sont seules moindres que 1 dans l'équation en x', seules plus grandes que 1 dans l'équation réciproque en y, seules positives dans l'équation en $y - 1$, dans laquelle il ne peut y avoir de variations qui ne soient amenées par elles ou par les racines imaginaires. Ces dernières ont la forme

$$- 1 + \frac{1}{2^n \left(- \alpha + \beta \sqrt{-1} - A \right)},$$

ou, ce qui équivaut,

$$\frac{- 2^n (\alpha + A) \left(\alpha + A + \frac{1}{2^n} \right) - 2^n \beta^2 - \beta \sqrt{-1}}{2^n \left[(A + \alpha)^2 + \beta^2 \right]}.$$

Si α est positif ou si, étant négatif, il ne se trouve pas compris entre A et $A + \frac{1}{2^n}$, le premier terme du numérateur est négatif en même temps que le second, et la partie réelle est négative. Si, de plus, on a $2^n \beta^2 > \frac{\beta}{\sqrt{3}}$ numériquement ou

$$\beta > \frac{1}{2^n \sqrt{3}} = \frac{1,154}{2^{n+1}},$$

cette partie réelle surpasse *a fortiori* $\beta \sqrt{3}$ en valeur absolue, et la racine considérée fait partie de la classe étudiée précédemment. Dans le cas où α étant négatif, sa valeur absolue tomberait entre A et $A + \frac{1}{2^n}$, le premier terme du numérateur serait positif; en faisant entrer le signe — dans la première parenthèse, les deux derniers facteurs se trouveraient positifs et auraient pour somme $\frac{1}{2^n}$, quel que soit α; leur produit serait donc inférieur ou au plus égal à $\frac{1}{2^{2n+2}}$. La partie réelle de la racine serait négative à coup sûr si l'on avait en valeur absolue

$$2^n \beta^2 > \frac{2^n}{2^{2n+2}} \quad \text{ou} \quad \beta > \frac{1}{2^{n+1}}.$$

La racine dont il s'agit appartiendrait à la classe étudiée
si l'on avait en outre

$$2^n \beta^2 - \frac{2^n}{2^{2n+2}} > \frac{\beta}{\sqrt{3}}$$

numériquement, ce qui exige

$$\beta > \frac{\sqrt{3}}{2^{n+1}} \quad \text{ou} \quad \beta > \frac{0,866}{2^n}.$$

Cette dernière inégalité renfermant les deux autres, elle
est une condition *suffisante* pour exprimer qu'une racine
imaginaire de l'équation en $y - 1$ rentre dans notre catégorie. On peut la remplacer par la condition plus simple,
mais moins avantageuse

$$\beta > \frac{1}{2^n}.$$

23. Quand aucune valeur de β n'est très-petite et en
même temps la valeur de α correspondante très-voisine de
la limite de A, en suivant la méthode de Budan ainsi modifiée, on arrive promptement à ce point où l'équation en
$y - 1$ n'admet que des racines imaginaires appartenant à
la classe qui fait l'objet de mes nouveaux théorèmes; par
suite, s'il n'y a pas de racines réelles dans le groupe ou s'il
n'y en a qu'une, on l'apprend d'une manière sûre par l'absence de variations ou la présence d'un seul changement de
signe dans l'équation en $y - 1$ (10 et 11). Deux ou trois
variations indiquent 2 ou 3 racines réelles; en tout cas, plusieurs variations indiquent plusieurs racines réelles, et il y
a lieu de poursuivre, sans craindre les calculs inutiles, la
séparation qui s'effectuera évidemment avant que n soit
assez grand pour que l'on ait

$$\frac{1}{2^n} > D \quad \text{ou} \quad n > 3,322 \log \frac{1}{D}.$$

D désignant la différence entre les deux racines poursuivies.

24. Si, au contraire, β est très-petit, et si en même
temps la valeur de α est numériquement très-voisine de la
limite de A, l'imaginarité est reconnue un peu plus tard,
après un nombre n de bissections moindre que la valeur
tirée de l'inégalité du paragraphe **22** :

$$n = 3{,}322 \log \frac{1}{\beta} - 0{,}2075.$$

A la vérité, en employant certaines méthodes, celle si
remarquable de M. Sturm par exemple, on évite les calculs propres à ce cas ; mais comme il se présente fort rare-
ment, et que, même alors, la méthode des transformées, en
évitant les calculs préalables, fournit une compensation, je
la regarde en définitive comme beaucoup moins laborieuse
que les autres.

SECONDE PARTIE.

25. Quoique la méthode des transformées puisse être
employée à la rigueur pour une approximation indéfinie, il
est bien préférable de ne l'adopter que jusqu'à la séparation des racines ou un peu au delà. Quand on veut obtenir
la valeur d'une racine avec un grand nombre de chiffres
décimaux, on recourt ordinairement à l'approximation li-
néaire pour l'usage de laquelle je renverrai à l'analyse des
équations de Fourier ou au travail déjà cité de M. Vincent,
en faisant remarquer qu'après la séparation, les équations
en $y - 1$ ne présentent plus qu'une seule variation, et qu'on
peut leur appliquer tout ce que dit ce dernier savant, sauf
à passer ensuite de y à x par une division abrégée.

26. Fourier indique à la page 195 une méthode fondée

sur un nouveau procédé de division qu'il fait connaître dans les pages précédentes, puis il ajoute :

« Nous ne nous arrêterons point à cette méthode exégé-
» tique, quelque générale qu'elle soit, parce que les règles
» dont nous nous servons pour le calcul des racines sont
» d'une application plus prompte et plus facile. »

Pour moi je pense, au contraire, qu'en perfectionnant cette méthode, elle devient préférable à l'approximation newtonienne, et j'ignore ce qui l'a fait si promptement abandonner par son illustre auteur.

Je ne dirai rien de la division ordonnée que j'emploie sans modification ; mais je vais exposer, avant d'aller plus loin, un procédé analogue pour opérer la multiplication de deux nombres dont les chiffres, à l'exception des premiers, sont d'abord inconnus et ne peuvent être découverts qu'à mesure que l'opération fait elle-même des progrès et au moyen des premiers chiffres du produit. Prenons un exemple :

53,26894	53,26894
0,49726	62794,0
21 28	21 28
24	24
4 7934	4 7934
26,0974	26,0974
392	392
372876	37287 6
26 474196	26 474196
4473	44 7
1065378	1065 4
26 48529708	26 48529 7
19888	2 0
31961364	319 6
26,4885131044.	26,48851 5

Dans l'opération effectuée à gauche les chiffres 532 du multiplicande, supposés d'abord seuls connus, sont multipliés par le chiffre connu 4 du multiplicateur, ce qui donne la première ligne 2128, et par suite le premier chiffre 2 du produit. Au moyen de ce premier chiffre on trouve par hypothèse les chiffres suivants 6 pour le multiplicande et 9 pour le multiplicateur. Le premier multiplié par la partie à gauche de 9 fournit la seconde ligne, et 9 multiplié par toute la partie connue du multiplicande vient compléter évidemment le produit de 5326 par 49 ; alors le second chiffre 6 du produit final est connu. Il est visible qu'on doit avancer la seconde ligne d'un rang et la troisième de deux rangs vers la droite.

On continue de la sorte aussi loin qu'on veut ; le résultat est le même qu'avec le procédé ordinaire, seulement les parties du produit sont disposées dans un autre ordre. D'ailleurs, la place occupée par la virgule dans chaque facteur ne change en rien la manière de procéder ; elle n'influe que sur la place de la virgule dans le produit final.

Il arrive souvent qu'on n'a besoin du produit final que jusqu'à un ordre déterminé ; alors quelques-unes des dernières colonnes doivent être supprimées ; c'est ce qui se voit dans l'opération effectuée à droite en ne conservant que 6 chiffres décimaux. Quel qu'en soit le nombre, les derniers conservés ne sont exacts qu'à certaines conditions bien connues. Conformément à l'usage très-commode adopté en pareille occasion, le multiplicateur est écrit à l'envers et ses unités sont sous la place des unités du 6ᵉ ordre du multiplicande dont les chiffres inconnus peuvent être momentanément remplacés par des points.

27. Revenons maintenant à l'équation en x'_9 du paragraphe 19, et supprimons les indices devenus inutiles ; elle est

$$x^3 + 2082x^2 - 390100x + 283928 = 0.$$

Résolvons par rapport à la première puissance de x comme Fourier :

$$x = \frac{283928}{390100 - (2082 + x)x}.$$

Les racines sont séparées, nous savons que cette équation a une seule racine inférieure à l'unité, et que l'on voit de suite être supérieure à $\frac{1}{2}$. Le diviseur se compose de 390100, diminué d'une quantité qui réduit les deux premiers chiffres à 38, et il peut être écrit 380000 + complément à 10000 de $(2082 + x)\,x$ — 100. Une division ordonnée peut donc nous faire connaître x conjointement avec une multiplication ordonnée qui servira à trouver ce complément. Pour qu'on puisse bien apprécier la longueur des calculs, je les reproduis tous ici, même les petites additions pour les corrections dans la division, du moins celles qui ne sont pas extrêmement faciles à effectuer sans écrire :

$$
\begin{array}{l|l}
\overline{2839'2'8'} & \overline{3885781812605\,2} \\
179 & 0,7306843608124 \\
56 &
\end{array}
$$

123	48	94	44
92	21	31	56
59	56	125	48
338	125		51
64			179
274			
460	48	51	64
125	15	40	42
335	28	54	28
310	70	42	70
125	17	187	18
185	178		222
330			
173		48	21
157		51	56
430		52	50
179		35	36
251		186	29
250			192
178			
520			
187			
333			
290			
222			
68			
300			
186			
114			
380			
192			
188			
36			

$$
\begin{array}{r}
2082,7306843\ 6 \\
1806\ 3486037,0 \\
\hline
1457,89 \\
100 \quad 2^{e}\text{ terme à retrancher} \\
\hline
1357,89 \\
21 \\
62\ 4819 \\
\hline
420\ 392900 \\
4380 \\
1\ 2496383\ 6 \\
\hline
1\ 6429763\ 6 \\
584\ 5 \\
1666184\ 5 \\
\hline
8096532\ 6 \\
29\ 2 \\
833092 \\
179871\ 0 \\
2\ 2 \\
6248\ 2 \\
\hline
86121\ 4 \\
1250\ 0 \\
7371\ 4 \\
22\ 6 \\
\hline
940 \\
2 \\
\hline
4\ 2
\end{array}
$$

Je n'ai aucune explication à donner sur la division dont je fais le même usage que Fourier ; le dividende est tout connu, le diviseur désigné 38 l'est seul d'abord, mais cela suffit pour trouver le chiffre 7 des dixièmes du quotient. Quant à la multiplication, elle s'effectue sur deux nombres dont l'un est $2082 + x = 2082,7....$ et l'autre $x = 0,7....$, et comme j'ai retranché 100 du produit partiel, elle fait connaître successivement les divers chiffres de $(2082 + x) - 100$; ce sont leurs compléments que j'ai écrits à la suite du diviseur désigné, et en faisant ainsi les deux opérations à la fois, l'une donne sans cesse ce qui est nécessaire pour continuer l'autre. J'ai borné la multiplication au huitième chiffre décimal, et cela m'a permis d'obtenir 13 chiffres décimaux appartenant à la racine, par des calculs certainement moins longs et moins compliqués, offrant, par conséquent, moins de chances d'erreur que ceux que la méthode de Newton exige. Ici, d'ailleurs, l'opération se sert pour ainsi dire de preuve à elle-même, et il n'est nécessaire de soulever aucune des difficultés si bien approfondies par Fourier, que présente l'emploi de l'approximation newtonienne. Le reste 36 ou $0,00000036$ en tenant compte de la position est évidemment le résultat de la substitution de la valeur trouvée pour x dans le premier membre $x^3 + 2082 x^2 - 390100 x + 283928$ de l'équation à résoudre.

En divisant le quotient par 2^3 ou trois fois consécutivement par 8, ou trouve une quantité qui, ajoutée à la partie déjà trouvée pour x par la méthode des transformées, donne 15 décimales exactes et la dernière à moins d'une demi-unité :

$$
\begin{aligned}
&0,7306843608124 \\
&0,09133554510155 \\
&0,01141694313769375 \\
&0,00142711789221172 \\
&1,35546875 \\
\hline
&1,35689586789221172
\end{aligned}
$$

Ce résultat s'accorde avec celui de M. Vincent.

28. Lorsqu'on applique trop tôt le procédé que je viens d'exposer, l'opération donne des chiffres qu'il faut souvent rectifier, et par là on est averti de pousser plus loin l'approximation. Dans ce cas, on profite de ce que la méthode exégétique fait connaître d'une manière sûre le chiffre des dixièmes et aussi le résultat de la substitution dans X, pour obtenir par la substitution dans $X', X'', X'''\ldots$ une transformée dans laquelle l'inconnue est moindre que $\frac{1}{10}$ et qui, si elle ne se prête pas encore au calcul avec assez de facilité, peut servir à trouver de même le chiffre des centièmes et une transformée où l'inconnue sera moindre que $\frac{1}{100}$.

Ces petits retards, qu'il est possible d'éprouver quelquefois au commencement, se retrouvent dans l'approximation newtonienne et tiennent aux mêmes causes. La méthode que je lui préfère, et qui n'en diffère qu'en ce que le diviseur employé est complet au lieu d'être réduit à son premier terme, se montre encore supérieure en ce point, parce qu'elle fait connaître en tout cas exactement les premiers chiffres sans qu'on ait besoin d'examiner si certaines conditions sont satisfaites, et, comme elle donne le résultat de la substitution dans X, elle abrége le passage à la transformée qui fournit ensuite rapidement autant de chiffres qu'on en souhaite.

29. Prenons pour second exemple l'équation

$$x^4 + 8x^3 + 206x^2 + 78409x - 43786 = 0,$$

d'où l'on tire

$$x = \frac{43786}{78409 + 206x + 8x^2 + x^3}.$$

Le dénominateur peut être mis sous la forme : $78000 + [409 + (206 + A)x]$, A représentant la quantité $(8 + x)x$ qui peut, aussi bien que $409 + (206 + A)x$, être obtenue par une multiplication ordonnée, ce qui conduit successivement à la connaissance des divers chiffres nécessaires pour continuer la division ordonnée que l'on peut commencer de suite avec le diviseur désigné $\overline{78}$. Voici le tableau des trois opérations faites simultanément :

A	B	C	D	E
$\overline{4378'6'}$ | $\overline{78526,524937}$			210,77167 4	8,55759 5
478 | 0,557950296			9205 95755,0	25 95755,0
25			409	206
453	39	55	105	4,25
636	55	42	814	210,25
35	94	35	10 50	25
601		132	24 50	4275
550			385	0,7025
75	25	64	1 4749	385
475	48	39	6 3599	5989 9
850	45	65	3899	76624 9
94	20	168	10538 5	27 9
756	138		50427 5	427 9
540			55 8	7080 7
132	85	49	1896 9	5 0
408	38	25	2380 2	77 0
180	45	38	3 4	162 7
138	15	63	105 4	3
420	183	50	489 0	4 3
168		225	3 9	67 3
252			92 9	1
960			6	4
183			3 5	
777			2	
750			7	
225				
525				

Reste 57. Le chiffre 6 est bon.

Les signes des coefficients des diverses puissances de x

dans le diviseur peuvent être négatifs sans que cela amène des difficultés ; ayant déjà donné un exemple de l'emploi des compléments, je ne m'arrêterai pas sur ce sujet.

Le degré m de la proposée ne peut non plus embarrasser ; seulement on est conduit à des multiplications ordonnées dont le nombre $m-2$ s'accroît. Dans toutes, le multiplicateur est x ; les multiplicandes s'obtiennent en ajoutant aux coefficients des diverses puissances de x le produit de la multiplication précédente ; le premier est égal au coefficient de l'avant-dernier terme du diviseur augmenté de x. Tout ceci est si facile, que je ne vois pas la nécessité d'entrer dans plus de détails.

30. Il est utile pour pouvoir abréger les multiplications ordonnées de connaître à l'avance le nombre n' de chiffres décimaux qu'il convient de garder pour obtenir la racine avec les n chiffres décimaux demandés Soient a le dividende exact ; E, e les erreurs de la racine et du diviseur approchés ; on a évidemment

$$\mathrm{E} = \frac{a}{d} - \frac{a}{d+e},$$

et comme on veut que E soit moindre que $\frac{1}{10^n}$, on arrive à l'inégalité

$$e < \frac{d^2}{10^n a - d},$$

qui sera satisfaite *a fortiori*, si l'on a

$$e < \frac{d}{a} \cdot \frac{d}{10^n} ;$$

on peut aussi prendre

$$e < \frac{d}{10^n} ;$$

car $\frac{d}{a}$ surpasse l'unité. La valeur de e étant connue, on en tire de suite celle de n', puisqu'on sait combien de multiplications sont à faire et combien de chiffres sont contenus dans les dernières colonnes de chacune d'elles. Ce moyen permet de prévoir aisément, dans l'exemple du paragraphe **29**, que 6 chiffres décimaux conservés dans les multiplications en font connaître 10 dans la racine cherchée.

31. En résumé, on voit que la résolution d'une équation qui n'a pas de racines égales se partage en deux parties : d'abord on opère la séparation des racines par la méthode des transformées, et, s'il y en a d'imaginaires, le critérium de Budan, dont l'emploi est si facile, ne peut manquer d'en faire connaître très-promptement la nature que dans un cas rare dans lequel cette connaissance est seulement retardée ; même alors, elle s'acquiert après une approximation plus grande inférieure à une limite assignable d'avance et qu'il n'est pas nécessaire de calculer.

Dans la seconde partie, on détermine pour chaque racine autant de chiffres décimaux qu'on le souhaite par une méthode beaucoup plus rapide, ce qui est important quand on veut une grande approximation, car alors la méthode des transformées devient très-laborieuse.

32. Si, pour la séparation des racines, on préférait l'approximation décimale telle que l'employait Budan à la méthode de bissection, il y aurait peu à changer dans ce qui précède. Les calculs et les raisonnements des paragraphes **21** et suivants seraient applicables en remplaçant partout 2^n par 10^n.

33. M. Vincent, dans la méthode par les transformées et fractions continues, établit (*Journal de M. Liouville*, tome I, page 346) que *tôt ou tard* on ne pourra manquer d'être conduit à une équation n'ayant qu'une seule variation. L'expression qu'il emploie peut faire craindre des calculs d'une longueur indéfinie : mais on détermine aisément à l'aide de mes théorèmes une limite qui n'est jamais dépassée. Avant qu'on soit arrivé à deux réduites différant entre elles d'une quantité moindre que $\dfrac{\beta\sqrt{3}}{2}$, la transformée cessera de présenter plus d'une variation. Chaque couple de racines imaginaires correspond à un facteur du second degré :

$$q'^2\left[\left(\frac{q}{q'}-\alpha\right)^2+\beta^2\right]y^2+2p'q'\left[\left(\frac{p}{p'}-\alpha\right)\left(\frac{q}{q'}-\alpha\right)+\beta^2\right]y$$
$$+p'^2\left[\left(\frac{p}{p'}-\alpha\right)^2+\beta^2\right]=\mathrm{A}y^2+\mathrm{B}y+\mathrm{C}=0,$$

dans lequel on a $4\mathrm{AC}-\mathrm{B}^2=4\beta^2$ ou $\mathrm{B}^2-\mathrm{AC}=3\mathrm{AC}-4\beta^2$. La condition $\mathrm{B}^2>\mathrm{AC}$ qui doit avoir lieu pour que ces racines soient au nombre de celles qui font l'objet de mes théorèmes revient à $3\mathrm{AC}>4\beta^2$ ou bien à

$$3p'^2q'^2\left[\left(\frac{q}{q'}-\alpha\right)^2+\beta^2\right]\left[\left(\frac{p}{p'}-\alpha\right)^2+\beta^2\right]>4\beta^2.$$

On peut encore, en négligeant dans chaque parenthèse le premier terme qui peut devenir très-petit dans le cas particulier où les réduites convergent vers α, la regarder comme satisfaite avant qu'on ait

$$\frac{1}{p'q'}<\frac{\beta\sqrt{3}}{2}=0,866\,\beta.$$

La partie réelle $-\dfrac{\mathrm{B}}{2\mathrm{A}}$ ne peut être positive, car A est positif, et il en est de même de B qui se compose de deux termes positifs quand α n'est pas compris entre les deux réduites et dont le second terme β^2, d'après l'inégalité précédente, surpasse dans le cas contraire le produit $\left(\alpha-\dfrac{q}{q'}\right)\left(\dfrac{p}{p'}-\alpha\right)<\dfrac{1}{4p'^2q'^2}$. Les conditions du paragraphe **10** étant remplies, on voit que toute difficulté aura disparu avant qu'on ait atteint une réduite aussi éloignée : la transformée ne présentera plus de variations, ou bien en offrira une seule.

34. On peut trouver une limite du nombre des réduites à calculer en remarquant que le cas le plus défavorable est celui où les quotients incomplets sont tous égaux à l'unité. Les dénominateurs des réduites forment alors une série récurrente $1, 1, 2, 3, 5, 8, 13, \ldots$; le dénominateur de la $n^{ième}$ réduite a pour expression :

$$\frac{1}{\sqrt{5}}\left[\left(\frac{1+\sqrt{5}}{2}\right)^{n+1}+\left(\frac{1-\sqrt{5}}{2}\right)^{n+1}\right]$$

et le suivant

$$\frac{1}{\sqrt{5}}\left[\left(\frac{1+\sqrt{5}}{1}\right)^{n+2}-\left(\frac{1-\sqrt{5}}{2}\right)^{n+2}\right].$$

Leur produit se réduit à

$$\frac{1}{5}\left[\left(\frac{1+\sqrt{5}}{2}\right)^{2n+3}-\left(\frac{1-\sqrt{5}}{2}\right)^{2n+3}\right].$$

Les deux derniers termes du premier nombre peuvent être négligés comme très-petits; la condition du paragraphe précédent devient par la substitution

$$\left(\frac{1+\sqrt{5}}{2}\right)^{2n+3} > \frac{10}{\sqrt{3}}\cdot\frac{1}{\beta}.$$

En lui appliquant le calcul logarithmique, on voit que toute difficulté disparaît avant qu'on ait calculé un nombre de réduites

$$n+1 > 2,394 \log\frac{1}{\beta} + 1,32.$$

Cette inégalité diffère peu de celle qu'on obtient en ne négligeant pas les deux derniers termes de la parenthèse; elle devient rigoureuse dès que les quotients incomplets cessent d'être tous égaux à l'unité. Voici une inégalité qui convient à tous les cas :

$$n + 1 > 2,394 \log \left(\frac{1}{\beta} + 0,188 \right) + 1,32.$$

TROISIÈME PARTIE.

35. Tout ce qui précède suppose la certitude de l'absence des racines égales dans la proposée ; c'est ce qui permet de poursuivre la séparation des racines réelles en toute sécurité. M. Vincent a voulu éviter l'emploi du procédé ordinaire pour les rechercher ; il s'appuie sur ce qu'il est possible d'avoir une limite inférieure D^2 des racines positives et négatives de l'équation aux carrés des différences sans la calculer ; il en donne un moyen et rappelle que M. Cauchy a prouvé dans ses *Exercices de Mathématiques*, tome IV, page 121, que

M étant le coefficient du premier terme,

K le double de la valeur absolue augmentée d'une unité
  du plus grand coefficient,

et D^2 cette limite,

on peut prendre

$$D = \frac{1}{M^2 K^{m(m-1)-2}}.$$

M. Vincent admet (*Journal de M. Liouville*, t. III, p. 240) qu'aussitôt que la différence $\frac{1}{p'q'}$ de deux réduites consécutives est inférieure à D, les variations ne peuvent provenir que d'un pareil nombre de racines égales.

Cette conclusion ne me paraît pas inattaquable : M. Vincent établit bien que dans l'équation en y le produit des facteurs simples correspondant aux racines inégales et des

trinômes du second degré correspondant aux racines imaginaires, ne peut alors présenter des variations, ces facteurs n'ayant que des coefficients positifs ; mais lorsqu'on
vient à multiplier un tel produit par un facteur correspondant à des racines égales, on ne voit pas pourquoi cela
n'introduit qu'un *pareil nombre* de variations. Dans l'exemple
suivant le contraire arrive, deux racines égales amènent
quatre variations :

$$(x^2 + 2x + 3,25)(x — 1,1)^2 = x^4 — 0,2x^3 + 1,06x^2$$
$$— 4,73x + 3,9325 = 0.$$

Si les transformées auxquelles conduit l'emploi des fractions continues poussé jusqu'à la limite indiquée ne doivent jamais présenter cet inconvénient, il faudrait le démontrer.

36. Au nombre des racines de l'équation aux carrés des
différences se trouve $— 4\beta^2$ dont la valeur absolue est le
carré de 2β ; D est donc inférieur à 2β, et l'inégalité du paragraphe **33** peut être remplacée par

$$\frac{1}{p'q'} < \frac{D\sqrt{3}}{4},$$

un peu moins avantageuse que l'inégalité $\frac{1}{p'q'} < D$ proposée
par M. Vincent. Lorsqu'elle a lieu, deux variations indiquent 2 racines égales et 3 variations indiquent 3 racines
égales ; mais, pour un plus grand nombre, le dégré de multiplicité n'est pas connu d'une manière sûre ; on peut seulement dire qu'il existe au moins 2 racines égales si les
variations sont en nombre pair, et 3 si elles sont en nombre
impair. Pour qu'on puisse affirmer que leur nombre indique dans tous les cas le degré de multiplicité, il faut jusqu'à plus ample démonstration pousser l'approximation un
peu plus loin, jusqu'à ce que soit satisfaite la condition

$$p'q'D > 1,5774a + 2,0774;$$

cela peut être démontré au moyen du théorème établi dans le paragraphe 15 ; cherchons d'abord les limites des racines réelles et des parties réelles des racines imaginaires.

37. Dans l'équation en y de M. Vincent, si l'on appelle x une racine réelle quelconque de la proposée non comprise entre les réduites $\frac{p}{q'}$ et $\frac{q}{q'}$, l'expression d'une racine négative changée de signe est

$$\frac{p'}{q'}\left(\frac{\frac{p}{p'}-x_1}{\frac{q}{q'}-x_1}\right)=\frac{p'}{q'}\left(\frac{\frac{q}{q'}-x_1\pm\frac{1}{p'q'}}{\frac{q}{q'}-x_1}\right)=\frac{p'}{q'}\pm\frac{1}{q'^2\left(\frac{q}{q'}-x_1\right)}.$$

Quand la réduite $\frac{q}{q'}$ n'est pas entre x_1 et les racines poursuivies, le dernier terme est évidemment moindre que $\frac{1}{q'^2\mathrm{D}}$. Dans le cas contraire, cette réduite est distante des racines poursuivies d'une quantité moindre que $\frac{1}{q'^2}$, et l'on a $\frac{q}{q'}-x_1 > \mathrm{D}-\frac{1}{q'^2}$ numériquement. On peut donc toujours prendre $\frac{1}{q'^2\mathrm{D}-1}$ pour limite supérieure du dernier terme qui tend vers zéro. En ajoutant cette limite à $\frac{p'}{q'}$ et en l'en retranchant, on obtient des limites supérieure et inférieure de toutes les racines négatives de l'équation en y, puisque x_1 est une valeur quelconque de x distincte des racines poursuivies.

38. Examinons maintenant les parties réelles des racines imaginaires changées de signe ; elles ont pour expression

$$\frac{\mathrm{B}}{2\mathrm{A}}=\frac{p'}{q'}\cdot\frac{\beta^2+\left(\frac{q}{q'}-\alpha\right)^2\pm\frac{1}{p'q'}\left(\frac{q}{q'}-\alpha\right)}{\beta^2+\left(\frac{q}{q'}-\alpha\right)^2}=\frac{p'}{q'}\pm\frac{\frac{q}{q'}-\alpha}{q'^2\left[\beta^2+\left(\frac{q}{q'}-\alpha\right)^2\right]}.$$

Le dernier terme devient nul lorsque $\frac{q}{q'} - \alpha$ devient nul ou infini; pour $\frac{q}{q'} - \alpha = \pm \beta$, il prend une valeur absolue $\frac{1}{2q'^2\beta} < \frac{1}{q'^2 D}$ qu'il ne peut dépasser quel que soit α; on le démontre facilement par les moyens ordinaires. $\frac{p'}{q'} + \frac{1}{q'^2 D}$ et $\frac{p'}{q'} - \frac{1}{q'^2 D}$ sont donc limites supérieure et inférieure des parties réelles de toutes les valeurs imaginaires de y.

39. Si l'on considère pour un moment la transformée en $y' = y + z$, z étant supposé positif, on sera certain que les racines négatives et les parties réelles de racines imaginaire resteront négatives tant qu'on aura.

$$z < \frac{p'}{q'} - \frac{1}{q'^2 D - 1};$$

mais le changement de y en $y' - z$ donne pour trinôme correspondant à deux racines imaginaires conjuguées, au lieu de $A y^2 + B y + C$ comme dans le paragraphe 33 :

$$A y'^2 + (B - 2 A z) y' + A z^2 - B z + C,$$

et la condition $(B - 2 A z)^2 > A (A z^2 - B z + C)$, nécessaire pour l'application de mes théorèmes, est encore satisfaite si l'on a, après réductions,

$$z < \frac{B}{2 A} - \frac{\beta}{A \sqrt{3}}.$$

Quand on remplace $\frac{B}{2 A}$ par la quantité moindre $\frac{p'}{q'} - \frac{1}{q'^2 D - 1}$ et β par $\frac{D}{2}$ dans $\frac{\beta}{A \sqrt{3}} = \frac{\beta}{\sqrt{3} \cdot q'^2 \left[\left(\frac{q}{q'} - \alpha \right)^2 + \beta^2 \right]}$

après avoir supprimé le premier terme A et divisé haut et bas par β, cette condition devient

$$z < \frac{p'}{q'} - \frac{1}{q'^2 D - 1} - \frac{2}{\sqrt{3}} \cdot \frac{1}{q'^2 D};$$

elle est vérifiée *à fortiori* quand on a

$$z < \frac{p'}{q'} - \frac{1}{q'^2 D - 1}\left(1 + \frac{2}{\sqrt{3}}\right).$$

Elle renferme la précédente dont il n'y a plus lieu à tenir compte. Dans l'équation en y' les racines négatives et les parties réelles négatives des racines imaginaires sont toutes numériquement moindres de z que les quantités correspondantes dans l'équation en y; on peut donc affirmer qu'elles ont pour limite supérieure $S = \frac{p'}{q'} + \frac{1}{q'^2 D - 1} - z$. Les racines positives supérieures à l'unité dans l'équation en y, ont pour limite inférieure dans l'équation en y' : $I = 1 + z$.

40. Cela posé, en appliquant le théorème du paragraphe **15**, on voit que la transformée aura toutes ses variations au commencement et qu'elles seront en nombre égal à celui des racines poursuivies si l'on a

$$a\left(\frac{p'}{q'} + \frac{1}{q'^2 D - 1} - z\right) < 1 + z,$$

d'où

$$z > \frac{a}{a + 1}\left(\frac{p'}{q'} + \frac{1}{q'^2 D - 1}\right) - \frac{1}{a + 1}.$$

Cette inégalité est compatible avec la précédente si l'on a, après réductions,

$$q'(p' + q') D > \left(2 + \frac{2}{\sqrt{3}}\right)(a + 1) + \frac{p'}{q'},$$

ou bien, à cause de $p' < q'$,

$$p'q' D > 1,5774 \, a + 2,0774.$$

41. A cette condition, l'équation en y' ne pourra avoir plus de variations que de racines positives, et il en sera de même de l'équation en y, car, d'après le théorème de Budan, il ne peut survenir des variations quand on passe de la transformée en $y + z$ à celle en y : les variations peuvent seulement changer de place ou disparaître.

Après qu'on aura atteint ce degré d'approximation, le degré de multiplicité des racines égales sera donc connu d'une manière sûre. Si l'on tenait à avoir une formule plus simple, on pourrait prendre

$$\frac{1}{p'q'} < \frac{D}{2a},$$

car la restriction $a > 3$ est sans inconvénient.

42. A mesure que l'opération avance, les racines réelles non poursuivies tendent vers $\dfrac{p'}{q'}$ ainsi que les parties réelles des racines imaginaires; il serait facile de se servir de cette remarque pour trouver, au moyen de la somme connue des racines de l'équation en y, le degré de multiplicité des racines égales que l'on détermine de suite avec exactitude quand on le connaît à moins d'une unité. Les parties imaginaires des racines tendent vers 0, et l'équation en y tend sans cesse à prendre la forme $\left(y + \dfrac{p'}{q'}\right)^{m-P} (y - y_1)^P = 0$, P désignant le nombre des racines égales seules positives et y_1 l'une de ces racines.

43. Des remarques analogues peuvent être faites sur l'équation en $y' = y - 1$ (paragraphe **22**) qui tend à prendre la forme : $(y' + 1)^{m-P} \cdot (y' - y'_1)^P = 0$. Dans cette équation, les variations font connaître le degré de multiplicité des racines égales avant que l'on ait

$$2^n D > 2{,}732\,a + 2{,}098.$$

On s'en assure par des raisonnements semblables à ceux qui conduisent à la formule du paragraphe **40**. On en trouve aussi une avec facilité pour le cas où l'on emploie l'approximation décimale.

44. La grande exagération de petitesse de la limite D trouvée sans le calcul de l'équation aux carrés des différences rend, au reste, presque inutiles dans la pratique ces considérations.

Lorsque la proposée ne dépasse pas le huitième degré, et que les coefficients sont entiers, diverses remarques connues permettent de trouver avec facilité ses racines égales ou de s'assurer qu'elle n'en a pas. Quand le degré est plus élevé, le premier coefficient étant toujours égal à l'unité; supposons qu'on ait approché à moins de 1 des diverses racines indiquées, s'il ne reste qu'un groupe dont la nature soit inconnue, il ne peut y avoir des racines égales puisqu'elles auraient été trouvées comme entières. Deux groupes de ce genre renfermant chacun deux racines indiquées montrent la possibilité de 2 racines multiples x_0 et x_1 et d'un diviseur commensurable $x^2 - (x_0 + x_1) x + x_0 x_1$; il est facile de pousser l'approximation jusqu'à ce que $x_0 + x_1$ et $x_0 x_1$ soient connus à moins de $\frac{1}{2}$ et d'en conclure les valeurs exactes que devraient avoir ces nombres entiers. Un court essai de division fait savoir ensuite si le trinôme est réellement diviseur de la proposée. Les cas plus compliqués exigent une plus grande approximation et une discussion plus détaillée; malgré cela, ce moyen si simple en théorie me paraît toujours incomparablement plus court en pratique que l'emploi de la limite D auquel je préfère d'ailleurs l'application de la méthode ordinaire pour la recherche des racines égales. Il arrive souvent qu'on est conduit à rejeter un diviseur commensurable indiqué, par cela seul que certains coefficients connus avec une approximation plus grande que $\frac{1}{2}$ avant que les autres soient connus à moins de $\frac{1}{2}$, ne sont pas entiers.

QUATRIÈME PARTIE.

45. Dans cette partie de mon travail, je vais exposer, pour la recherche des diviseurs commensurables et des racines égales, une méthode rigoureuse en théorie, mais qui conduit souvent dans la pratique à employer des nombres énormes. Je la fais connaître malgré cet inconvénient, parce que, dans la recherche des racines égales, ce défaut est beaucoup moins sensible que dans celle des diviseurs commensurables en général; j'ai pour moi, d'ailleurs, l'exemple de Lagrange, qui a publié sa méthode pour résoudre les équations numériques en se servant de l'équation aux carrés des différences malgré la prodigieuse longueur des calculs qu'elle entraîne habituellement; enfin il s'agit d'une propriété des nombres qui me paraît mériter d'être connue.

46. Lorsque dans un polynôme $X = a + bx + cx^2 + \ldots + px^{m-1} + qx^m$ à coefficients entiers on donne à x une valeur entière h, il en résulte un nombre X_h auquel d'autres polynômes du même degré ou de degrés différents pourraient également conduire. Mais dans le cas où tous les coefficients de X sont positifs et inférieurs à h, il arrive que X_h convient exclusivement au polynôme X qu'il détermine complétement et qu'il peut faire retrouver sans ambiguïté quand cela est utile.

La relation $a + bh + ch^2 + \ldots + ph^{m-1} + qh^m = X_h$ montre, en effet, que $a < h$ n'est autre chose que le reste de la division de X_h par h; le quotient est $b + ch + \ldots + ph^{m-2} + qh^{m-1}$. $b < h$ est le reste d'une nouvelle division, et ainsi de suite jusqu'à ce qu'on arrive à un quotient nul qui fait connaître le degré de X. Avec les restrictions posées, il ne peut exister deux polynômes correspondant à un même nombre X_h.

Lorsque dans X il y a des coefficients négatifs, X_h ne détermine complétement le polynôme qu'autant que h surpasse deux fois le plus grand coefficient de X, et dans la série des divisions à effectuer, les quotients se prennent à moins de $\frac{1}{2}$, et l'on est conduit à des restes positifs ou négatifs qui sont infailliblement les coefficients cherchés.

47. Si X est le produit de 2 facteurs, par exemple

$$x^4 + x^3 + x + 1 = (x^2 + 2x + 1)(x^2 - x + 1),$$

pour h assez grand, X_h sera le produit de deux nombres capables de faire connaître d'une manière sûre chaque facteur ; mais, ainsi que cet exemple le prouve, on ne peut affirmer que les coefficients dans les facteurs sont tous positifs, alors même qu'ils le sont dans X, ni qu'ils sont tous inférieurs au plus grand coefficient de X, à moins qu'on ne soit assuré qu'il n'y en a pas de négatifs.

On doit donc prendre h supérieur au double du plus grand coefficient dans les facteurs ou au moins dans l'un d'eux. À cette condition on peut, en examinant les diviseurs de X_h, trouver tous les diviseurs de X sans ambiguïté et sans qu'aucun puisse échapper ; mais il ne faut pas perdre de vue que les facteurs inconnus peuvent présenter des coefficients *beaucoup* plus élevés que ceux de X, comme dans l'exemple suivant :

$$X = x^6 + 19x^5 + 23x^4 + 17x^3 - 20x^2 - 22x - 18$$
$$= (x - 1)(x^5 + 20x^4 + 43x^3 + 60x^2 + 40x + 18).$$

Nous aurons égard à cette difficulté.

48. Il s'en présente une analogue quand, connaissant les facteurs, on veut trouver le produit. Soit

$$(x + 2)(x^4 + 3x^3 + 4x^2 + 3x + 1) = X.$$

Si l'on se borne à faire $h = 9 > 4$, il vient

$$11 \times 9100 = X_h = 100100,$$

et on en conclut

$$X = x^5 + 6x^4 + 2x^3 + 2x^2 + 7x + 2.$$

Or, si l'on effectue le produit, on trouve en réalité

$$X = x^5 + 5x^4 + 10x^3 + 11x^2 + 7x + 2,$$

et l'on voit que l'erreur provient de ce que h aurait dû être pris supérieur à 11 pour que X pût être déterminé d'une manière sûre par X_h.

Lorsque les deux facteurs ont tous leurs coefficients positifs, il en est de même du produit, et sa détermination à l'aide d'une valeur de h trop faible amène nécessairement des coefficients ayant une somme trop petite. $11x^2$ se trouve ici remplacé par $x^3 + 2x^2 = (x + 2)x^2 = 11x^2$ à cause de $x = 9$; $10x^3$ devient ainsi $11x^3$ qui se décompose en $x^4 + 2x^3$; de là le produit erroné. Dans ce cas, un caractère très-facile à employer permet de décider infailliblement si un produit est exact : il suffit de faire $x = 1$ et de voir si pour cette hypothèse le produit des facteurs égale X. On constate de la sorte très-promptement que le premier produit, qui devient 20, n'est pas exact, puisque les deux facteurs prennent pour valeurs 3 et 12.

Le calcul décimal est extrêmement commode dans cette occasion ; en faisant ici $h = 100$, on écrit à vue les valeurs que prennent les deux facteurs, et une courte multiplication donne $X_{100} = 105101110702$, ce qui permet d'écrire aussi à vue la véritable valeur de X.

49. Proposons-nous maintenant de nous servir de ces principes pour découvrir les diviseurs commensurables d'une équation donnée ou constater qu'elle n'en admet aucun. Soit

$$X = x^4 - x^3 - x^2 - x - 1 = 0$$

la proposée. 2 est une limite des modules de tout genre ; par suite, si l'on calcule la transformée en $x - 2$, elle n'aura que des coefficients positifs, et il en sera de même des facteurs dont les transformées en $x - 2$ ne pourront avoir également que des coefficients positifs. On trouve

$$x^4 + 7 x^3 + 17 x^2 + 15 x + 1 = 0.$$

En y faisant $x = 20 > 17$, on obtient un nombre 223101 qui, décomposé en facteurs premiers à l'aide des tables de Burckhart ou d'autres tables semblables, donne

$$223101 = 3^3 . 8263.$$

Un facteur de degré n pour $x = 20$ prend une valeur évidemment comprise entre 20^n et $20^n + 19(20^{n-1} + 20^{n-2} + \ldots + 1) + 1 = 2 . 20^n$. Réciproquement, tout nombre compris entre ces deux limites correspond nécessairement à un seul polynôme qui est de degré n. Ici on voit de suite que 223101 n'admet pas de diviseur compris entre 400 et 800; X n'a donc pas de diviseur du second degré. Pour le premier degré, 27, compris entre 20 et 40, correspond à $x + 7$, et pour le troisième, 8263 à $x^3 + 13 x + 3$; les coefficients étant tous positifs, on ne peut craindre qu'il y en ait dans les diviseurs qui surpassent 20. Nous pouvons donc affirmer que si X est décomposable en deux facteurs, ce ne peut être que de cette manière :

$$X = (x + 7)(x^3 + 13 x + 3).$$

Mais pour admettre définitivement ces deux diviseurs, il faudrait être certain qu'en effectuant le produit, il ne se présentera aucun coefficient supérieur à 20 et venant s'opposer à ce que, de l'égalité de ce produit à X pour l'hypothèse particulière $X = 20$, on puisse conclure l'égalité absolue. En effectuant, on trouve cette crainte fondée, puisqu'un des coefficients est 104. Cette multiplication ne doit d'ailleurs jamais être faite : la vérification par l'hypothèse $x = 1$ est toujours suffisante. Dans le cas actuel, elle conduit à la fausse égalité $41 = 8 \times 17$, et on voit qu'il n'y a pas de diviseurs commensurables. C'est d'ailleurs pour exposer complétement la méthode sur cet exemple particulier que je suis allé jusqu'au bout ; il était facile de voir dès le principe que la proposée n'admet pas de diviseur du premier degré, ni par conséquent du troisième.

50. La marche que nous venons de suivre est simple, sûre et applicable théoriquement à toute équation ; mais la limite des modules étant quelquefois élevée, la transformée à coefficients tous positifs, sur laquelle on opère, en présente souvent qui conduisent à des nombres assez considérables pour qu'il faille renoncer à trouver leurs facteurs. Nous allons indiquer deux moyens qui peuvent servir à atténuer ce grave inconvénient. Prenons pour exemple l'équation

$$x^4 - x^3 - 5x^2 + 12x - 6 = 0$$

traitée par Newton dans son *Arithmétique universelle*. 5 est une limite supérieure des modules de tout genre, et la transformée en $x - 5$ est

$$X_1 = x^4 + 19x^3 + 130x^2 + 387x + 429 = 0.$$

Si elle est décomposable en deux facteurs commensurables $(a + bx + cx^2 + \ldots)$ et $(a' + b'x + c'x^2 + \ldots)$ qui ne peuvent manquer d'avoir tous leurs coefficients positifs, on a nécessairement $aa' = 429 = 3 \times 11 \times 13$, et si a surpasse a', on a en outre $a > \sqrt{429}$, et par suite au moins égal à 33. Les coefficients 387, 130,... de X_1, surpassant ab', ac',..., on voit que a', b', c',..., sont tous moindres que la 33ᵉ partie du plus grand coefficient de X, et qu'il suffit de faire $x = 20 > 13$ pour trouver d'une manière sûre l'un des deux facteurs de toute décomposition possible.

$$X_{20} = 372169 = 7.79.673.$$

Les facteurs du premier degré correspondant à des nombres compris entre 20 et 40, il n'y en a pas d'indiqués. Il en est de même pour ceux du troisième degré, puisque 372169 n'a pas de diviseur compris entre 8000 et 16000.

Pour le second degré, nous n'avons à examiner entre 400 et 800 que 673 et $7 \times 79 = 553$. Les divisions successives par 20 se font très-facilement :

$$
\begin{array}{ll}
673 & 553 \\
33\ldots13 & 27\ldots13 \\
1\ldots13 & 1\ldots7
\end{array}
$$

et donnent

$$x^2 + 13x + 13 \quad \text{et} \quad x^2 + 7x + 13.$$

Ces diviseurs indiqués deviennent 27 et 21 pour $x = 1$; X_1 devient 966 non divisible par 9 et *à fortiori* par 27 ; ainsi nulle décomposition n'est possible, à moins que $x^2 + 7x + 13$ ne soit l'un des facteurs. En essayant la division après avoir ordonné suivant les puissances croissantes de x, elle réussit et donne

$$(x^2 + 7x + 13)(x^2 + 12x + 33).$$

La division n'est d'ailleurs pas nécessaire, car le second facteur a son premier et son dernier terme connus ; le second terme devant devenir $673 - 433 = 240$ pour $x = 20$, ne peut être que $12x$; alors la vérification par $x = 1$ suffit.

Quand on ne veut pas employer pour cela l'algorithme de Budan, perfectionné par M. Horner, on passe des diviseurs de la transformée à ceux de la proposée, en remarquant que 372169 est ce que celle-ci devient pour $x = 25$; on divise 673 et 553 par 25 en prenant les quotients à moins de $\frac{1}{2}$, et on en conclut

$$X = (x^2 + 2x - 2)(x^2 - 3x + 3).$$

Mais ce résultat doit être vérifié, à moins que l'on ne

puisse affirmer dans les diviseurs cherchés l'absence de coefficients supérieurs à la moitié de 25.

En faisant $x = 10$, une discussion facile conduit aux deux autres décompositions suivantes :

$$x^5 + 5x^4 + 10x^3 + 11x^2 + 7x + 2 = (x+1)^2(x+2)(x^2+x+1),$$
$$x^7 - x^6 + 6x^5 - 26x^4 + 17x^3 - 7x^2 - 32x - 10$$
$$= (x^2 + 2x + 10)(x^5 - 3x^4 + 2x^3 - 2x^2 - 3x - 1)$$
$$= (x^2 + 2x + 10)(x^2 - 2x - 1)(x^3 - x^2 + x + 1).$$

La dernière a été opérée par M. Finck dans le *Journal de M. Liouville*, t. X, p. 173.

51. Un second moyen pour éviter les nombres trop considérables consiste dans l'emploi simultané de deux nombres X_h, $X_{h'}$; ils suffisent pour déterminer entièrement X lorsque ce polynôme ne contient aucun coefficient supérieur à $\dfrac{hh'}{2}$ ou à hh' s'il n'y a que des coefficients positifs. Soit $A + Bx + Cx^2 + \ldots = A + (B + Cx + \ldots)x = A + kx$ le polynôme cherché. Trouvons d'abord, au moyen de X_h et $X_{h'}$, le nombre A et les valeurs K_h et $K_{h'}$ propres à déterminer plus tard K comme X_h et $X_{h'}$ déterminent X. En divisant $X_{h'}$ par h', il vient

$$X_{h'} = q'h' + a' = (q' + t')h' + (a' - t'h'),$$

t' étant un entier quelconque. On trouve de même

$$X_h = (q + t)h + (a - th)$$

et A se présente sous deux formes :

$$A = a' - t'h' = a - th.$$

On est donc conduit à résoudre une équation indéterminée du premier degré.

Dans le cas particulier où $h' = h + 1$, on obtient, en posant $t = t' + z$,

$$t = (a' - a) + h(t - t') = (a' - a) + hz \quad \text{et} \quad t = (a' - a) + (h + 1)z,$$

d'où

$$A = a(h + 1) - a'h - h(h + 1)z.$$

A devant être moindre que $\frac{h(h+1)}{2}$, l'arbitraire z n'es[t]
jamais susceptible de plus d'une valeur; on peut même
sans inconvénient, omettre le terme en z dans A, pourvu
qu'on remplace au besoin la valeur trouvée par son complé[-]
ment à $\pm h(h + 1)$; il reste

$$A = (h + 1)a - ha',$$

et cette valeur est numériquement moindre que $h(h + 1)$.

A étant connu, on opère pour K comme pour X, et e[n]
continuant de la sorte, on trouve successivement B, C, ..[.]
qui sont certainement exacts, s'ils sont tous moindre[s]
que $\frac{hh'}{2}$. Cette dernière restriction pourrait être aban[-]
donnée en laissant à z toute sa généralité et en en détermi[-]
nant la valeur par une discussion souvent facile.

En employant plus de deux grands nombres X_h, $X_{h'}$
$X_{h''}$,... et s'aidant encore des valeurs de X_{-1}, X_o, X_1, o[n]
arrive en général assez promptement à déterminer d'un[e]
manière sûre, même dans les cas compliqués, les diviseur[s]
commensurables ou à constater leur absence.

52. Les racines égales étant fournies par des diviseur[s]
commensurables, l'application de ce qui précède à leu[r]
recherche se présente d'elle-même. La seule différence es[-]
sentielle entre ce cas et le précédent consiste en ce que[,]
dans la recherche des racines égales, on ne doit s'occupe[r]
que des facteurs numériques existant dans X'_h et en mêm[e]
temps au carré dans X_h; il faut donc chercher le plus gran[d]
commun diviseur D_h entre X_h et X'_h, puis le décomposer e[n]
ses facteurs premiers et dresser le tableau de ses diviseu[rs]
en omettant ceux qui n'entrent pas au carré dans X[.]
Chacun de ces diviseurs numériques doit être examiné pa[r]

les moyens indiqués précédemment ; ils deviennent ici d'une application bien plus facile, à cause de l'emploi simultané, quand cela est utile, de X_h, X'_h; X_{h+1}, X'_{h+1},…; en l'absence des racines égales, il suffit presque toujours d'un léger examen de ces nombres.

Les racines égales étant trouvées, il n'est jamais difficile de déterminer leur degré de multiplicité en cherchant si les facteurs de D_h divisent encore X_h et $X_{h'}$ lorsqu'on les élève à leurs puissances successives. On pourrait aussi calculer X''_h… et s'en servir.

53. Prenons pour exemple l'équation

$$X = x_9 + 6x^8 + 19x^7 + 40x^6 + 60x^5 + 66x^4 + 53x^3$$
$$+ 30x^2 + 11x + 2 = 0,$$

on trouve

$$X_{10} = 1836716112 \quad \text{et} \quad X'_{10} = 1540280511.$$

Le plus grand commun diviseur entre ces deux nombres est

$$D_{10} = 282051 = 3^2 . 7 . 11^2 . 37.$$

De plus, le quotient de X_{10} par D_{10} est 6512, nombre qui, comparé avec D_{10}, donne pour nouveau plus grand commun diviseur

$$407 = 11 . 37.$$

Le facteur premier 7, n'entrant qu'à la première puissance dans X_{10}, doit être de suite rejeté ; 3, 11 et 37 combinés ensemble doivent conduire à la découverte des racines doubles ; les racines triples ne peuvent correspondre qu'à 11 et il n'y en a pas de quadruples. Dans l'exemple actuel, il est évident que le facteur ± 1, dont toutes les puissances divisent X_{10} et X'_{10}, doit être rejeté. S'il existe des racines triples, elles sont données par le diviseur $x+1$; car 11 ne peut représenter que ce binôme ou bien un trinôme tel que $x^2 + (t - 9)x + (1 - 10t)$, dans lequel t ne peut être que o, puisque le dernier terme doit diviser 2, dernier coefficient de la proposée ; or on voit de suite que $x^2 - 9x + 1$ ne divise pas ; l'hypothèse d'un polynôme diviseur du 3ᵉ degré n'exige d'ailleurs aucun examen, X n'étant pas un cube parfait.

La division par $(x + 1)^3$ réussit et donne

$$x^6 + 3x^5 + 7x^4 + 9x^3 + 9x^2 + 5x + 2 = 0.$$

Comme ce polynôme n'est pas un carré parfait, il y a au plus deux racines doubles fournies par un polynôme correspondant à $3 \cdot 37 = 111$; les facteurs 3 et 37 pris séparément donnent un premier coefficient non diviseur de 2.

Or 111 correspond exclusivement à $x^2 + x + 1$ qui divise X et donne pour décomposition finale

$$X = (x + 1)^3 (x^2 + x + 1)^2 (x^2 + x + 2).$$

NOTE.

54. Les conditions simples qui, sans être nécessaires, sont suffisantes pour prouver l'existence d'un certain nombre de racines imaginaires dans les équations, peuvent quelquefois abréger les calculs ; en voici quelques-unes qu'on démontre facilement. Soit

$$a + bx + cx^2 + \ldots + px^{m-2} + qx^{m-1} + rx^m = 0$$

une équation de degré pair à premier coefficient positif. Elle peut se mettre sous la forme

$$X = (a + bx + kcx^2) + [(1 - k)c + dx + k'ex^2]x^2 + \ldots$$

et la proposée n'a que des racines imaginaires s'il existe entre les coefficients les relations

$$b^2 \leqq 4kac; \quad d^2 \leqq 4k'(1-k)ce; \quad f^2 \leqq 4k''(1-k')eg; \ldots$$

Si l'on fait $\frac{1}{2} = \mathrm{K} = \mathrm{K}' = \mathrm{K}'', \ldots$, ces conditions deviennent d'une simplicité très-remarquable; on a

$$b^2 \leqq 2ac; \quad d^2 \leqq ce; \quad f^2 \leqq eg; \ldots \quad q^2 \leqq 2pr,$$

p, q, r étant les trois derniers coefficients.

En appliquant ceci à la dérivée seconde de $\mathrm{X} = o$ ou de l'équation réciproque, on voit que si la première ou la dernière de ces inégalités est seule en défaut, la proposée a *au plus* deux racines réelles.

Lorsque la proposée est de degré impair, sa dérivée $\mathrm{X}' = b + 2cx + 3dx^2 + 4ex^3 + 5fx^4 + \ldots = o$ est de degré pair; elle a toutes ses racines imaginaires et $\mathrm{X} = o$ n'a qu'une seule racine réelle si les conditions

$$c^2 \leqq bd; \quad e^2 \leqq df; \ldots$$

sont satisfaites; on peut même ajouter le facteur 2 au second membre de la dernière inégalité. Le premier coefficient a est le seul qui n'entre pas dans cette suite de conditions. En considérant l'équation réciproque, ce serait au contraire le coefficient de x^m dans la proposée qui disparaîtrait.

Dans le cas particulier où la proposée est

$$x^3 + 3px + 2q = o,$$

si l'on change x en $x + h$, ce qui donne

$$(h^3 + 3ph + 2q) + 3(h^2 + p)x + 3hx^2 + x^3 = o,$$

on trouve, en appliquant ce qui précède, que la dérivée de la réciproque et par suite la proposée ont chacune deux racines imaginaires si

$$ph^2 + 2qh - p^2 > 0,$$

ce qui exige, outre un choix convenable de h, que l'on ait

$$q^2 + p^3 > 0.$$

La condition suffisante se confond dans ce cas avec la condition nécessaire.

En prenant la dérivée d'un ordre quelconque de X, puis la dérivée d'un autre ordre de la réciproque de cette dérivée, on arrive à des conditions relatives aux coefficients d'un groupe quelconque de termes consécutifs et qui, étant satisfaites, suffisent pour qu'on puisse affirmer l'existence d'un certain nombre de racines imaginaires. On trouve facilement par des moyens analogues des conditions qui, jusqu'au 18ᵉ degré inclusivement, ne diffèrent des précédentes que par la suppression du facteur 2 dans les inégalités extrêmes et sont applicables aussi au cas de plusieurs groupes de termes séparés les uns des autres.

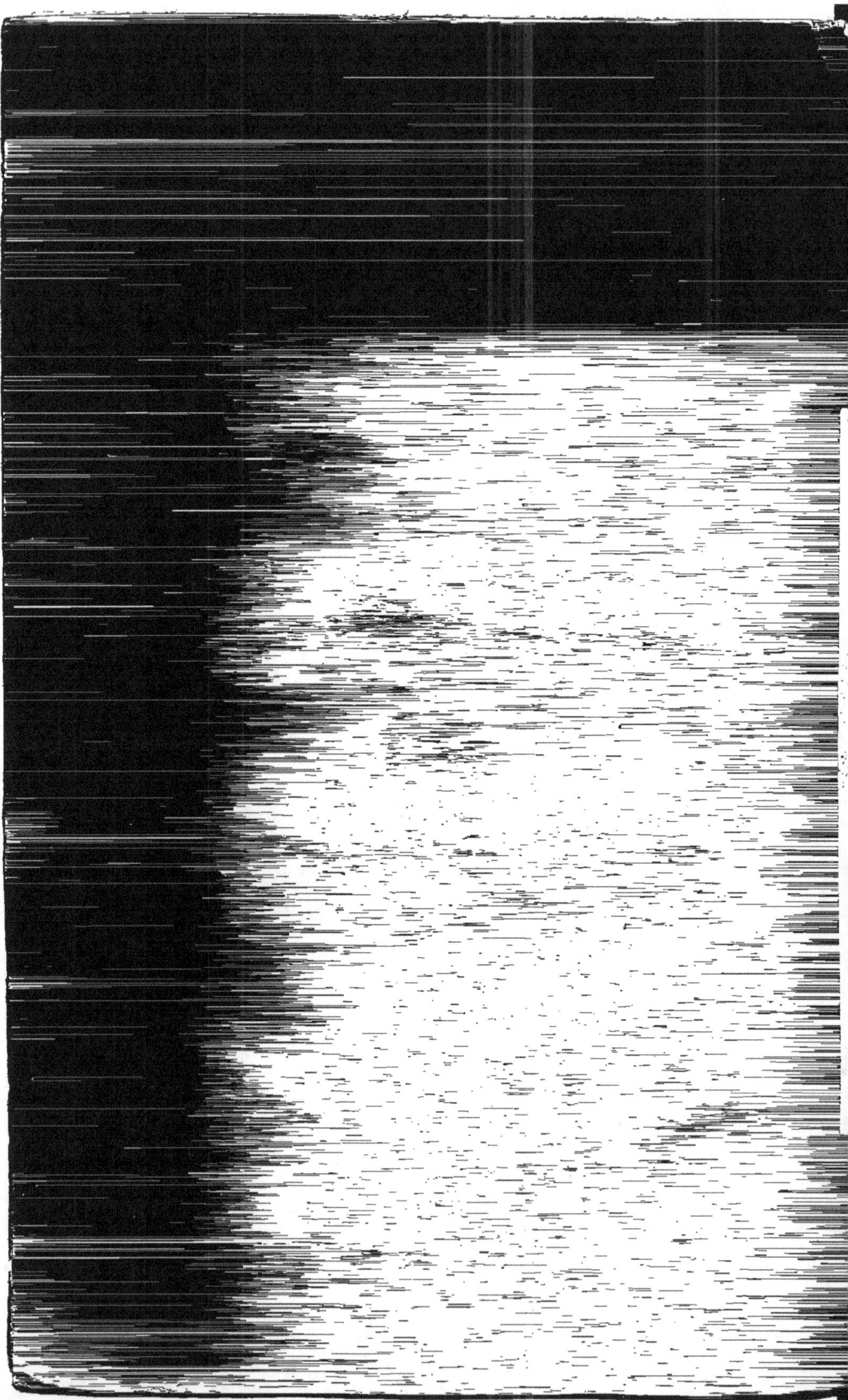